新型职业农民培育系列教材

农产品
电子商务

◎杨　超　主编

中国农业科学技术出版社

图书在版编目（CIP）数据

农产品电子商务／杨超主编．—北京：中国农业科学技术出版社，
2016.5（2022.8重印）

ISBN 978 - 7 - 5116 - 2596 - 0

Ⅰ.①农…　Ⅱ.①杨…　Ⅲ.①农产品 – 电子商务　Ⅳ.①F724.72

中国版本图书馆 CIP 数据核字（2016）第 091745 号

责任编辑	白姗姗
责任校对	马广洋

出 版 者	中国农业科学技术出版社
	北京市中关村南大街 12 号　邮编：100081
电　　话	（010）82106638（编辑室）　　（010）82109702（发行部）
	（010）82109709（读者服务部）
传　　真	（010）82106650
网　　址	http：//www.castp.cn
经 销 者	各地新华书店
印 刷 者	北京建宏印刷有限公司
开　　本	850mm ×1 168mm　1/32
印　　张	8.125
字　　数	197 千字
版　　次	2016 年 5 月第 1 版　2022 年 8 月第 7 次印刷
定　　价	32.80 元

《农产品电子商务》
编委会

作者简介

杨超,男,汉族,1967年12月出生,河南人士,1990年毕业于河南农业大学,农学学士。曾被河南省抽调机关干部驻村工作办公室、农业厅、科技厅联合授予"优秀专家"称号,并被推选为"全国农技推广骨干人才"。2015年被农业部评为农技推广研究员。

2013年以来,潜心研究农业互联网,2015年创建互联网+农业手机APP支农宝,使用者只需通过一部智能手机下载使用便可解决农业生产过程中产前(找项目、找资金、学技术、生产资料采购)、产中(专家在线指导)、产后(产品销售)等一系列问题。

主要成果与著作有《小麦优良新品种及配套增产技术》《河南省200万亩甘薯脱毒种苗技术》《抗微生物物料及评价》《温室土壤的衰退与修复及其在蔬菜生产中的应用研究》《大棚西瓜秸秆基质栽培技术研究》《小麦病虫害综合防治技术示范推广》《农业病虫草害防治新技术精解》《农业实用技术简明教程》《农作物秸秆综合利用技术》《新编农药安全使用技术》《农业病虫害防治技术》《现代农业综合实用技术》《黄淮地区小麦冻害发生情况与预防措施》《黄淮地区小麦包囊线虫病发生动态及防治措施》等。

前　言

近年来随着农业产业化的发展,优质农产品需要寻求更广阔的市场。传统的农产品销售方式难以在消费者心中建立起安全信誉,也难以确证生态农业基地生产的优质农产品的价值,基于此现状,通过科技搭建农产品电子商务交易平台,发展农产品电子商务不仅引领了我国传统农业向"信息化""标准化""品牌化"的现代农业转变,并且还将促进特色农产品走向"高端"发展路线。

农产品电子商务,即在农产品生产、销售、管理等环节全面导入电子商务系统,利用信息技术,进行供求、价格等信息的发布与收集,并以网络为媒介,依托农产品生产基地与物流配送系统,使农产品交易与货币支付迅捷、安全地得以实现。

本书全面、系统地介绍了电子商务的知识,内容包括:农产品电子商务的概述、农产品电子商务交易模式及平台构建、农产品电子商务支付、农产品电子商务信息管理、移动电子商务、如何开设网店、农产品电子商务的网络安全、农产品网络营销、农产品电子商务与期货交易、农产品电子商务物流配送与批发市场、互联网+农业——支农宝 APP 简介等。

本书围绕大力培育新型职业农民,以满足职业农民朋友生产中的需求。书中语言通俗易懂,技术深入浅出,实用性强,适合广大新型职业农民、基层农技人员学习参考。

编　者
2016 年 4 月

目　录

模块一　农产品电子商务的概述

第一节　农产品电子商务的基本概念

一、农产品电子商务的内涵和外延

农产品电子商务的实质是将农产品作为电子商务交易的对象,但是,并非所有农产品都适宜进行电子商务交易,因此首先需要研究农产品电子商务的定义与交易范围。

(一)农产品电子商务的内涵

农产品电子商务是指以农产品生产为中心而发生的一系列电子化交易活动,包括农业生产管理、农产品网络营销、电子支付、物流管理以及客户关系管理等。农产品电子商务以信息技术和全球化网络系统为支撑,将现代商务手段引入农产品生产经营中,保证农产品信息收集与处理的有效畅通,通过农产品物流、电子商务系统的动态策略联盟,建立起适合网络经济的高效能农产品营销体系,实现农产品产供销的全方位管理。

(二)农产品电子商务交易范围的界定

世界贸易组织(WTO)的产品分类将农产品界定为"包括活动物与动物制品、植物产品、油脂及分解产品、食品饮料"。根据《中华人民共和国农产品质量安全法》第二条的规定,农产品是指来源于农业的初级产品,即在农业活动中获得的植物、动物、微生物及其产品。本教材所指农产品主要是可供食用的各种植物、畜牧、渔业产品及其初级加工产品,包括粮食、园艺植物、茶叶、油料植物、药用植物、糖料植物、瓜果蔬菜等植物类农产品;肉类产品、蛋类产品、奶制品、蜂类产品等畜牧类农产品;水生动物、水生植物、水产综合利用初加工产品等渔业类农产品。

二、农产品电子商务的交易特征

农产品电子商务的交易除了具备虚拟化、低成本、高效率、透明化等特点外,还具有一些局限性,如交易受制于产品标准化、物流配送能力、关键技术水平、运营规模、文化与法律障碍等因素。

(一)虚拟化

通过互联网进行的贸易,贸易双方从贸易磋商、签订合同到支付等一系列过程,无须当面进行,均通过互联网完成,整个交易完全虚拟化。对卖方来说,可以到网络管理机构申请域名,制作自己的主页,组织农产品信息上网。而虚拟现实、网上聊天等新技术的发展使买方能够根据自己的需求选择所要购买的农产品,并将信息反馈给卖方。通过信息的推拉互动,签订电子合同,完成交易并进行电子支付。整个交易都在网络这个虚拟的环境中进行。

(二)低成本

电子商务使得农产品买卖双方的交易成本大大降低,具体表现在以下几方面。

(1)买、卖双方通过网络进行农产品商务活动,无须中介参与,减少了交易的有关环节。

(2)交易中的各环节发生变化。网络上进行信息传递,相对于原始的信件、电话、传真而言成本被降低;卖方可通过互联网络进行产品介绍、宣传,大大节省了传统方式下做广告、发印刷品等宣传费用;互联网使买卖双方即时沟通供需信息,使农产品无库存生产和无库存销售成为可能,库存成本降到极低,甚至实现零库存。

(3)企业利用内部网(Intranet)实现"无纸办公(OA)",90%的文件处理费用被削减,提高了内部信息传递的效率,节省时间,并降低管理成本。通过互联网把公司总部、代理商以及分布在其他地区的子公司、分公司联系在一起,及时对各地市场情况做出反应,即时生产,即时销售,降低存货费用,采用快捷的配送公司提供交货服务,从而降低产品成本。

(三)高效率

由于互联网络将贸易中的商业报文标准化,使商业报文能在世界各地瞬间完成传递与计算机自动处理,原料采购,产品生产、需求与销售,银行汇兑、保险,货物托运及申报等过程无需人员干预,而在最短的时间内完成。传统贸易方式中,用信件、电话和传真传递信息必须有人的参与,且每个环节都要花不少时间。有时由于人员合作和工作时间的问题,会延误传输时间,失去最佳商机。电子商务克服了传统贸易方式费用高、易出错、处理速度慢等缺点,极大地缩短了交易时间,使整个交易非常快捷与方便。

(四)透明化

买卖双方从交易的洽谈、签约到货款的支付、交货通知等整个交易过程都在网络上进行。通畅、快捷的信息传输可以保证各种信息之间互相核对,防止伪造信息的流通。如在典型的许可证 EDI 系统中,由于加强了发证单位和验证单位的通信、核对,假的许可证就不易漏网。海关 EDI 也能帮助杜绝边境的假出口、兜圈子、骗退税等行径。

三、农产品电子商务的局限性

(一)交易成败很大程度上受制于产品标准化和物流配送能力

对农产品进行标准化质量分级是农产品进行电子商务交易的基本前提。现实的市场销售或采购,卖方和买方都能对产品的质量、特性有直接的认识和把握,并据此进行交易。而在网上销售的过程中,买方只有在交易达成并在产品到达之后才能亲眼见到产品。这就需要买卖双方或双方承认的第三方来对农产品进行标准化鉴定,并对成品进行质量分级。

发达的农产品物流配送能够使农产品的生产、运输和深加工过程变得更加方便、快捷。通过统一的组织和协调,众多分散的小农户形成了一个销售团体,从而在农产品交易过程中节约了信息成本、合同谈判成本。通过这样的整合可以实现精确生产和订单生产,降低农户的种植风险,同时可以提高农产品在市场上的竞争力。

(二)受到关键技术水平、运营规模、文化与法律条款的影响

水果和蔬菜之类的农产品不易在网上销售,因为客户总是希望亲自挑选新鲜商品。对于很多商品和服务来说,实现电子商务的前提是大量的潜在顾客有互联网设备并愿意通过互联网购物。但对于农产品销售来说,拥有强烈的网上购买意愿常常比较困难。如美国网上超市 Peapod 公司虽然经过 10 年的苦心经营,目前也只能覆盖到 13 个城市。网上超市除了销售区域受到限制外,销售品种也主要集中在包装商品或品牌商品。

农产品电子商务的开展往往需要在人口稠密的大城市,吸引到足够的客户群,拥有足够的销售规模。

想在互联网上开展业务的企业面临的困难是,现有用来实现传统业务的数据库和交易处理软件很难与电子商务软件有效地兼容。虽然很多软件公司和咨询公司都声称能够完成现有系

统与网上业务系统的整合,但是收费昂贵。除了上述技术和软件方面的问题,很多企业在实施电子商务时还会遇到文化和法律上的障碍。一些消费者不愿在互联网上发送信用卡号码,也担心从未谋面的网上商店过于了解自己的隐私。还有些消费者不愿改变购物习惯,他们不习惯在计算机屏幕上选购商品,而愿意到商场亲自购物。电子商务所面临的法律环境也充满了模糊甚至互相矛盾的条款。在很多情况下,政府立法机构跟不上技术的发展。

四、农产品电子商务的优势

(一)经营成本低

零售企业开店投入的资金中,相当一部分花在地皮上。在大城市,寸土寸金,一些繁华地带的地租动辄每平方米上万元,这样的高成本投入,使得我国零售企业在与"狼"共舞中很难拥有价格优势。而农村市场开发程度低,地价也大大低于城市,大大节约了企业的资金,降低了经营成本。另一方面,农村地区劳动力成本也大大低于城市。大城市人口密度大,消费水平高,劳动力工资水平自然也水涨船高,平均工资多在千元以上;中小城市、农村地区,收入水平与大城市整体相差悬殊。

(二)竞争阻力小

相对于大城市你死我活的惨烈商战,中小城市和农村存在着明显的竞争不足。目前,占据这些地区商业领域的主要是一些地方的中小型商业企业以及为数众多的零散经营个体零售业者,普遍存在着规模小、布局混乱、组织化程度低、商品质量差等诸多问题。因此,我国商业零售企业正好可以充分利用自身在品牌、资金、管理等方面的优势轻松占领市场。除了直接投资开店之外,还可通过收购、兼并、嫁接、加盟等形式的资产重组吸纳那些当地不景气的商场、市场,实现低成本、大规模的扩张。

（三）市场潜力大

我国是一个农村人口占绝大多数的国家，13 亿人口中 70% 以上分布在农村地区，从这个意义上说，只有占领了农村市场才是真正占领了我国市场。尽管现在农民的购买力相对比较低，但农村丰富的人口资源在一定程度上弥补了购买力的不足。从长远来看，我国要建设小康社会，农村经济的发展、农民收入的提高是关键，因此农民购买力的提高是一个必然趋势，农村市场的潜力是无限的。随着中国加入 WTO，国际零售巨头加快了进入我国的步伐，大城市市场竞争空间日益狭小，外资零售企业进军我国农村市场是迟早的事。

五、品牌农产品借势电子商务

电子商务时代，农产品迎来了前所未有的发展机遇。电子商务正在改变商业生态，吉林查干湖的胖头鱼、福建莆田的桂圆干、北美阿拉斯加的帝王蟹都在通过网络走进你我身边。网络营销成本低，但是品牌宣传覆盖面广、力度大，优质农产品完全可以抓住这个机遇实现跨越式发展，走出区域限制，拿下全国市场。

（一）电子商务时代为农产品品牌营销提供新机遇

新的电子商务时代的到来，能为传统农产品品牌营销提供一个跨越式发展平台。由于电子商务改变了人们的消费结构，为农产品销售打破时间和空间上的制约，成为品牌农产品的"秀场"和"卖场"。某电子商务平台，仅通过一天网络团购，上海第一食品厂就收到了 10 461 人的猪肉红肠订单申请、2 463 人的秘制熏鱼以及 1 362 份上海酱鸭；800 千克的福建特产莆田桂圆干更在一小时之内卖光。

根据阿里巴巴研究中心《农产品电子商务白皮书（2012）》提供的数据显示，2012 年在阿里巴巴平台上，从事农产品交易的网店已达 26 万家,涉及农产品的商品数量超过了 1 000 万种。其中,新鲜水果、新鲜蔬菜、海鲜水产、南北干货等重点类目的当年销售增幅超过 300%。该中心更有数据显示,2014 年农产品销售迈上 1 000 亿元台阶,相当于 2008 年淘宝全网交易额。

网络销售不但为解决农产品"买贵""卖难"问题提供新思路,更为农产品提供了更灵活、更有效的品牌营销模式。

(二)借助网络还需自身素质过硬

品牌农产品通过电子商务能够实现跨越式大发展。由于农产品企业在以较小成本加入电子商务平台后,一方面可以通过网络享受到专业化的信息服务和增值服务,帮助其拓展市场,更好地促进农产品的销售。另一方面,电子商务能够准确实现农产品生产与市场需求的对接,加快产品结构调整,帮助农产品企业抵御供需矛盾带来的市场风险。

浙江省丽水市的遂昌县是中国农村电子商务的先行者。通过电子商务实现了小农田与大市场的对接,让农民尝到了网上销售的甜头。不过,电子商务平台想要进一步发展,电子商务方面的人才还需要进一步增加,农业产业化的道路还需要进一步深入。成立"电子商务联盟",借助联盟平台,为物流谈判和人才教育、硬件设施共享带来帮助。

网络销售能够为农产品品牌营销提供新思路,但打造品牌的关键,还是在于企业自身是否过硬。无论是通过网络还是实体,一个成功的农产品品牌想要做好,就需要为自己的产品制定一个目标长远的品牌营销战略,找到独到的市场特色,找准市场稀缺点,制定企业产品研发方向,从而赢得市场。

第二节 农产品电子商务的作用

一、农产品电子商务发展的新机遇

2015 年两会提出的"互联网＋"概念一亮相便引起热议,各个行业都在讨论互联网加了自己会怎么样。作为一个农业工作者,我也凑个热闹,说说我眼中的"互联网＋农业"。刚好在读《工业 4.0——即将来袭的第四次工业革命》,主要是讲人类将迎来以信息物理融合系统(CPS)为基础,以生产高度数字化、网络化、机器自组织为标志的第四次工业革命,很受启发。可以看出,在互联网技术的推动下,基于人机互动、社交新媒体、大数据、云计算、物联网等新兴科技发展的基础,工业正在从传统的技术推动型向软件控制型进化,即嵌入式软件系统将主宰工业的整个产品周期,从研发到设计再到生产再到改进与回收等,以适应消费需求的多样化与小批量生产,也适应不断复杂的产品功能与控制系统,形成智能工厂与智能生产。这就预示着,互联网已经由我们传统意义上的一种工具、一种载体、一种思维方式全面渗透进产业的各个环节,整合为一体,并在其中居于主导地位。套用"改革中的问题要通过改革来解决"一说,则互联网带给产业的现实问题也要通过互联网来进一步解决,任何躲避与视而不见,都是十分危险的,其代价要么是被边缘化,要么将被历史淘汰!

那么再看互联网与农业,一个现代一个传统,一个像阳春白雪,一个像下里巴人,本来风马牛不相及,但这两年随着互联网技术对农业的渗透,互联网与农业逐渐紧密结合起来,从对农业的深度改造开始,到颠覆农业的传统营销模式,再到互联网公司跨界进入农业生产领域,一场轰轰烈烈的互联网农业盛宴正在上演。所以，"互联网＋农业"不是正在讨论的未来问题，而是正在发生的当代问题，不是理论问题，而是实践问题。

实际上，在 2012 年 11 月召开的中国共产党第十八次全国代表大会上，"四化同步"被写入大会工作报告，即在确立城乡一体最终路径的基础上，进一步提出"促进工业化、信息化、城镇化、农业现代化同步发展"，从原来的"三化（工业化、城镇化、农业现代化）同步"到"四化同步"，标志着对信息化和农业现代化关系的认识达到一个新的历史水平，也表明信息化不再只是推进农业现代化的一种技术工具，而是作为一种新型生产力的核心要素融入现代农业产业体系和价值链。也就是在这种背景下，互联网农业已经呈现出方兴未艾之势。

互联网＋农业，就目前的实践看，主要是将互联网技术运用到传统农业生产中，利用互联网固有的优势提升农业生产水平和农产品质量控制能力，并进一步畅通农业的市场信息渠道、流通渠道，使农业的产、供、销体系紧密结合，从而使农业的生产效率、品质、效益等得到明显改善；如果再放眼未来的话，那农业也可能在互联网的影响下走上一条智能化、多样化的发展道路，这将取决于互联网在农业中的渗透程度与实际运用融合程度。

二、农产品电子商务正让农业驶入信息化时代

凭经验，靠感觉，看别人的样子，这种传统的农业生产经营模式正因为互联网的普及而加速改变，大量的农民正在运用互联网决策自己的生产经营活动。由于互联网的信息收集优势，大量农业相关的市场信息、产品信息、技术信息、资源信息开始网上汇集，并出现专业分析，大大方便了农业生产经营决策。到今天为止，中国已有 4 万家农业类网站，演化出综合门户、研究分析、专业集成、产销对接等不同定位的农业网站，并进一步呈现加快细分的态势，不仅种植业、畜牧业、渔业、农产品加工等次

级行业已经分开,就是每个行业内部也逐渐专业化,玉米、马铃薯、牛、羊、猪等专业网站不断涌现。特别是近几年,农业新媒体开始活跃,微博、微信、手机平台相继出现,农业信息化向纵深挺进。

三、农产品电子商务正加速农业现代化的发展

互联网的信息集成、远程控制、数据快速处理分析等技术优势在农业中得到充分发挥,3G、云计算、物联网等最新技术也日益广泛地运用于农业生产之中,集感知、传输、控制、作业为一体的智能农业系统不断涌现和完善,自动化、标准化、智能化和集约化的精细农业深度发展。在一些现代化的种养殖基地中,早已告别传统的人力劳动场景,养殖场管理人员只要打开电脑就能控制牲畜的饲喂、挤奶、粪便收集处理等工作,农民打开手机就能知晓水、土、光、热等农作物生长基本要素的情况;工作人员轻点鼠标,就能为远处的农作物调节温度、浇水施肥。而基于互联网技术的大田种植、设施园艺、畜禽水产养殖、农产品流通及农产品质量安全追溯系统加速建设,长期困扰农业的标准化、安全监控、质量追溯问题正因为互联网的存在而变得可能与可操作。

四、农产品电子商务已为农产品销售搭建新平台

利用互联网,将产销之间的距离大大拉近,让产销充分对接、消费者与生产直接见面成为现实中的可能,有利于减少生产的盲目性,扩大销售的视野,有效对抗市场风险。特别是随着电子商务的兴起,农产品流通领域互联网程度明显提高,国家级大型农产品批发市场大部分实现了电子交易和结算;电商又进一步让农产品的市场销售形态得到根本性改变,从最初的干果、茶叶、初加工品网上销售开始,在仓储物流技术和条件不断改善的

情况下,生鲜农产品的网上销售也得到破题,农产品电商 2014 年达到 1 000 亿元规模,大量生鲜电商创新案例涌现,出现生鲜电商八大平台,跨境生鲜电商风生水起。与此同时,微博、微信与电商结合来推销农产品的成功案例层出不穷,微营销中农产品的身影频频出现。

五、农产品电子商务将为农业带来新的发展方式

互联网在与传统产业的结合中,越来越表现出不甘于配角地位的特征,一步一步渗透并在最终主导传统产业的发展方式。如果说前面提及的 3 个方面还只是互联网对农业的介入和改造的话,则近年出现的互联网营销让农业的发展方式从根本上改变了,这就是颠倒了一般意义上的"生产——销售"模式,是运用大数据分析定位消费者的需求,按照消费者的需求去组织农产品的生产和销售,从而让农产品不再难卖在理论上成为可能,也在现实中得到初步的实践,形成了电子商务的"C2B"模式,即消费者对企业(Customer To Business)。比如,乐视网就宣布其有机农业运营上借鉴 C2B 订单销售模式,而在 QQ 农场模式基础上融合预售与电商模式的聚土地项目已经完成第二代升级,大量的农业类众筹开始出现,互联网正让农业的生产方式发生根本性转变。

第三节　农产品电子商务的产生和发展

一、我国电子商务的产生与发展阶段

自从 20 世纪 90 年代电子商务概念引入我国之后,它得到了迅速的发展,显现了巨大的商业价值,在我国政府及信息化主管部门的指引下,电子商务发展经历了以下几个阶段。

(一)认识电子商务阶段(1990—1993 年)

我国于 20 世纪 90 年代开始开展 EDI 的电子商务应用,从 1990 年开始,国家计委、科委将 EDI 列入"八五"国家科技攻关项目,1991 年 9 月由国务院电子信息系统推广应用办公室牵头,会同国家计委、科委、外经贸部等 8 个部委局,发起成立中国促进 EDI 应用协调小组。1991 年 10 月成立中国 EDIFACT 委员会并参加亚洲 EDIFACT 理事会。我国政府、商贸企业以及金融界认识到电子商务可以使商务交易过程更加快捷、高效,成本更低,肯定了电子商务是一种全新的商务模式。

(二)广泛关注电子商务阶段(1993—1998 年)

在这一阶段,电子商务在全球范围迅猛发展,引起了各界的广泛重视,我国也掀起了电子商务热潮。1993—1997 年,政府领导组织开展了金关、金卡、金税等三金工程。从 1994 年起,我国部分企业开始涉足电子商务;1995 年,中国互联网开始商业化,各种基于商务网站的电子商务业务和网络公司开始不断涌现;1996 年 1 月,中国公用计算机互联骨干网(CHINANET)工程建成开通;1997 年 6 月中国互联网络信息中心(CNNIC)完成组建,开始行使国家互联网络信息中心职能;1997 年,以现代信息网络为依托的中国商品交易中心(CCEC)、中国商品订货系统(CGOS)等电子商务系统也陆续投入运营;1998 年 3 月 6 日,我国国内第一笔网上电子商务交易成功;1998 年 10 月,国家经贸委与信息产业部联合宣布启动了以电子贸易为主要内容的"金贸工程",这是一项推广网络化应用、开发电子商务在经贸流通领域的大型应用试点工程。因而,1998 年甚至被称为中国的"电子商务"年。

(三)电子商务应用发展阶段(1999—2010 年)

在这个阶段中,国家信息主管部门开始研究制定中国电子商务发展的有关政策法规,启动政府上网工程,成立国家计算机网络与信息安全管理中心,开展多项电子商务示范工程,为实现政府与企业间的电子商务奠定了基础,为电子商务的发展提供了安全保证,为在法律法规、标准规范、支付、安全可靠和信息设施等方面总结经验,逐步推广应用。

1. 1999—2002 年初步发展阶段

企业的电子商务蓬勃发展,1999 年 3 月阿里巴巴网站诞生,5 月 8848 网站推出并成为当年国内最具影响力的 B2C 网站,网上购物进入实际应用阶段。1999 年兴起政府上网、企业上网、电子政务、网上纳税、网上教育、远程诊断等广义电子商务开始启动,并已有试点,并进入实际试用阶段。2000 年 6 月,中国金融认证中心(CFCA)成立,专为金融业务各种认证需求提供书证服务。2001 年,我国正式启动了国家"十五"科技攻关重大项目"国家信息安全应用示范工程"。然而这个阶段中国的网民数量相对较少,根据 2000 年年中的统计数据,中国网民仅1 000 万,并且网民的网络生活方式还仅仅停留于电子邮件和新闻浏览的阶段。网民未成熟,市场未成熟,因而发展电子商务难度相当大。

2. 2003—2006 年高速增长阶段

2005 年,电子商务爆发出迅猛增长的活力。2005 年初《国务院办公厅关于加快电子商务发展的若干意见》的发布,为我国电子商务市场的持续快速增长奠定了良好的基础;《中华人民共和国电子签名法》的实施和《电子支付指引(第一号)》的颁布,进一步从法律和政策层面为电子商务的发展保驾护航;第三方支付平台的兴起,带动了网上支付的普及,为电子商务应用提供了保障;B2B 市场持续快速发展,中小企业电子商务应用逐渐成为主要动力;B2C 市场尽管略显平淡,但互联网用户人数突破1 亿大关为 B2C 业务的平稳增长奠定了坚实的用户基础;C2C

市场则由于淘宝网和易趣网的双雄对立,以及腾讯和当当的进入,进一步加剧了市场竞争。2005 年也因此被称为"中国电子商务年"。

这一阶段,当当、卓越、阿里巴巴、慧聪、全球采购、淘宝,成了互联网的热点。这些生在网络长在网络的企业,在短短的数年内崛起。这个阶段对电子商务来说最大的变化有 3 个:大批的网民逐步接受了网络购物的生活方式,而且这个规模还在高速扩张;众多的中小型企业从 B2B 电子商务中获得了订单,获得了销售机会,"网商"的概念深入商家之心;电子商务基础环境不断成熟,物流、支付、诚信瓶颈得到基本解决,在 B2B、B2C、C2C 领域里,都有不少的网络商家迅速成长,积累了大量的电子商务运营管理经验和资金。

3. 2007—2010 年电子商务纵深发展阶段

这个阶段最明显的特征就是,电子商务已经不仅仅是互联网企业的天下。数不清的传统企业和资金流入电子商务领域,使得电子商务世界变得异彩纷呈。B2B 领域的阿里巴巴、网盛上市标志着发展步入了规范化、稳步发展的阶段;淘宝的战略调整、百度的试水意味着 C2C 市场不断的优化和细分;红孩子、京东商城的火爆,不仅引爆了整个 B2C 领域,更让众多传统商家按捺不住纷纷跟进。中国的电子商务发展达到新的高度。

2010 年年初,京东商城获得老虎环球基金领头的总金额超过 1.5 亿美元的第三轮融资;2010 年 3 月 11 日,以四五百万美元的价格收购了 SK 电讯旗下的电子商务公司千寻网,目标打造销售额百亿的大型网购平台。B2C 市场上,包括京东商城在内的众多网站,如亚马逊、当当网、红孩子都已从垂直向综合转型,而传统家电卖场苏宁的 B2C 易购也开始销售部分化妆品和家纺等百货商品,而亚马逊又涉足 3C 家电领域。大量海外风险投资再次涌入,几乎每个月都有一笔钱投向电子商务。而依靠邮购、互联网和实体店 3 种销售渠道的麦考林先行一步,成为国内第一家海外上市的 B2C 企业。2010 年,团购网站的迅速风行也成为电子商务行业融资升温的助推器。受美国团购网站Groupon 影响,国内在 2010 年 4 月之后涌现出上百家团购网站,其低成本、盈利模式易复制的特点受到投资机构关注。

4. 电子商务战略推进与规模化发展阶段(2011 年至今)

《中华人民共和国国民经济和社会发展第十二个五年规划纲要(2011—2015 年)》提出:积极发展电子商务,完善面向中小企业的电子商务服务,推动面向全社会的信用服务、网上支付、物流配送等支撑体系建设。鼓励和支持连锁经营、物流配送、电子商务等现代流通方式向农村延伸,完善农村服务网点,支持大型超市与农村合作组织对接,改造升级农产品批发市场和农贸市场。

2011 年 10 月,商务部发布的《“十二五”电子商务发展指导意见》(商电发〔2011〕375 号)指出:电子商务是网络化的新型经济活动,已经成为我国战略性新兴产业与现代流通方式的重要组成部分。

2012 年,淘宝(天猫)、京东商城、当当、亚马逊、苏宁易购、1 号店、腾讯 QQ 商城等大型网络零售企业均提供了开放平台。开放平台包括了网络店铺技术系统服务、广告营销服务和仓储物流外包服务,开放平台为大型网络零售企业带来了高附加值的服务收入。这表明产业增加值正在向网络营销、技术、现代物流、网络金融、数据等现代服务升级。

电子商务经历了多年的变迁,使得市场不断细分:从综合型商城(淘宝为代表)到百货商店(京东商城、一号店),再到垂直领域(红孩子、七彩谷),接着进入轻品牌店(凡客),用户的选择越来越趋于个性化,中国的电子商务已进入了一个全网竞争、不断完善、高速成长的纵深型发展阶段,不再是一家独大的局面。

二、我国电子商务的未来发展趋势

(一)电子商务的应用领域不断拓展和深化

"十二五"以来,我国电子商务相关的法律法规、政策、基础设施建设、技术标准以及网络等环境和条件逐步得到改善。随着国家监管体系的日益健全、政策支持力度的不断加大、电商企业及消费者的日趋成熟,我国电子商务将迎来更好的发展环境。

(二)产业融合成为电子商务发展新方向

随着电子商务迅猛发展,越来越多的传统产业涉足电子商务。近年来涌现出的O2O模式(线上网店与线下消费融合)已在餐饮、娱乐、百货等传统行业得到广泛应用。O2O模式是一个"闭环",电商可以全程跟踪用户的每一笔交易和满意程度,即时分析数据,快速调整营销策略。也就是说,互联网渠道不是和线下隔离的销售渠道,而是一个可以和线下无缝链接并能促进线下发展的渠道。今后线上与线下将实现进一步融合,各个产业通过电子商务实现有形市场与无形市场的有效对接,企业逐步实现线上、线下复合业态经营。

(三)移动电子商务等新兴业态的发展将提速

我国电子商务行业积极开展技术创新、商业模式创新、产品和服务内容创新,移动电商、跨境电商、社交电商、微信电商成为电子商务发展的新兴重要领域,将进入加快发展期。

近年来,我国移动互联网用户规模迅速扩大,为移动电子商务的发展奠定了庞大的用户基础,移动购物逐渐成为网民购物的首选方式之一。根据《第34次中国互联网络发展状况统计报告》,截至2014年6月底,我国有6.32亿网民,其中,手机网民规模达到5.27亿。手机使用率首次超越传统个人电脑使用率,成为第一大上网终端设备。2014年6月,我国手机购物用户规模达到 2.05 亿,同比增长 42%,是网购市场整体用户规模增长速度的 4.3 倍,手机购物的使用比例提升至 38.9%。移动电子商务市场交易额占互联网交易总额的比重快速提升。《中国网络零售市场数据监测报告》显示,2014 年上半年,我国移动电子商务市场交易规模达到 2 542 亿元,同比增长 378%,移动电子商务市场交易额占我国网络市场交易总额的比重已达到 1/4。淘宝网数据显示,2013 年"双 11"活动中,淘宝网移动客户端共成交 3 590 万笔交易,成交额为 53.5 亿元,是 2012 年"双 11"活动移动客户端成交额的 5.6 倍。

移动电子商务不仅仅是电子商务从有线互联网向移动互联网的延伸,它更大大丰富了电子商务应用,今后将深刻改变消费方式和支付模式,并有效渗透到各行各业,促进相关产业的转型升级。发展移动电子商务将成为提振我国内需和培育新兴业态的重要途径。

第四节　电子商务系统的构成

一、电子商务应用系统的构成

从技术角度看,电子商务的应用系统由 3 部分组成。

(一)企业内部网

企业内部网由 Web 服务器、电子邮件服务器、数据库服务器以及客户端的 PC 机组成。所有这些服务器和 PC 机都通过先进的网络设备集线器(HUB)或交换器(SWITCH)连接在一起。

Web 服务器可以向企业内部提供一个内部 WWW 站点,借此提供企业内部日常的信息访问;电子邮件服务器为企业内部提供电子邮件的发送和接收;数据库服务器通过 Web 服务器对企业内部和外部提供电子商务处理服务;客户端 PC 机则用来为企业内部员工提供访问工具,员工可以通过 Internet Explorer 等浏览器在权限允许的前提下方便快捷地访问各种服务器。

企业内部网(Intranet)是一种有效的商务工具,通过防火墙,企业将自己的内部网与 Internet 隔离,它可以用来自动处理商务操作及工作流,增强对重要系统和关键数据的存取,也可共享经验,共同解决客户问题,并保持组织间的联系。

(二)企业外联网

企业外联网是架构在企业内联网和供应商、合作伙伴、经销商等其他企业内联网之间的通信网络。也可以说,企业外联网是由两个或两个以上的企业内联网连接而成的。这样组织之间就可以访问彼此的重要信息,如定购信息、交货信息等。当然,组织间通过外联网各自的需要共享一部分而不是全部的信息。

(三)互联网(Internet)

它是电子商务最广泛的层次。任何组织都可以通过 Internet 向世界上所有的人发布和传递信息,而任何人都可以访问 Internet 获得相关信息和服务。当企业需要和其他所有的公司和广大消费者进行交流的时候,它们就必须充分利用互联网。互联网是目前世界上最大的计算机通信网络,它将世界各地的计算机网络联结在一起。企业开展全面的电子商务必须借助互联网。

在建立了完善的企业内部网和实现了与互联网之间的安全连接后,企业已经为建立一个好的电子商务系统打下良好基础。在这个基础上,企业开发公司的网站,向外界宣传自己的产品和服务,并提供交互式表格方便消费者的网上定购;增加供应链管理(Supply Chain Management,简称 SCM)、企业资源计划(Enterprise Resources Planning,简称 ERP)、客户关系管理(Customer Relationship Management,简称 CRM)等信息系统,实现公司内部的协同工作、高效管理和有效营销。

在企业内联网、外联网以及借助互联网的前提下,企业才可能实现真正意义上的完全的电子商务。

二、电子商务系统的技术组成

网上交易的完成看似简单,但却是建立在复杂的电子商务基本框架基础之上的。诸如网上招聘、网络广告等其他形式的电子商务,也同样需要技术的支持。电子商务框架是从技术角度对电子商务的概括,是电子商务实施的技术保证。它主要包括网络层、发布层、传输层、服务层和应用层5个层次,技术标准和政策、法律、法规则是指导和约束这技术层次的两大支柱因素。

(一)网络层

网络层是电子商务的底层硬件基础设施,是信息传输的基本保证。在现有技术的基础上,网络层主要包括远程通信网(Telecom)、有线电视网(Cable TV)、无线通信网(Wireless)和计算机网络。远程通信包括电话、电报,无线通信网包括移动通信和卫星网,计算机网络则包括 Intranet、Extranet 和 Internet。目前,这些网络基本上是独立的,但是,"多网合一"是将来技术发展的大势所趋,各种信息传输途径将实现真正意义上的整合。

在各类信息传输的通信网络中,计算机网络是电子商务发展最重要的通信手段,而其中最关键的则是 Internet。可以说,Internet 的产生和发展以及投入公众领域才使得电子商务大规模发展成为了可能。

(二)发布层

就技术角度而言,电子商务系统的整个过程就是围绕信息的发布和传输进行的,它完全依赖信息技术对数字化信息流动的控制。发布层位于网络层的上面,主要是解决多媒体信息的发布问题。各种信息主要以文字、图形、图像、声音、视频等形式体现,对于计算机而言,它们都可以转化成 0 或 1 代码,在本质上没有区别。

目前,常用的网络信息发布方式是 HTML（Hypertext Markup Language,超文本标记语言）格式,在其基础上发展起来的 XML（Extensible Markup Language,可扩展标记语言）是一种描述标记语言的元语言,使用者在其基础上建构自己的标记语言的定义工具,它提供了一个坚定的共同平台,让不同平台或受系统限制的软件能够彼此相互沟通。这种通用的、弹性的、可扩展的方法,开启了 XML 无可限制的使用范围,从文字处理、电子商务到数据备份储存,XML 的影响力是十分巨大的。而 ebXML 就是在 XML 基础上发展起来的一种专门应用于电子商务领域的标记语言。Java 则是一种程序设计语言,通过程序运行的角度解决多媒体信息的发布。应用 Java 可以更方便地使这些传播适用于各种网络（有线、无线、光纤、卫星通信等）,各种设备（PC、工作站、各种大中型计算机、无线接收设备等）,各种操作系统（Windows、NT、UNIX 等）以及各种界面（字符界面、图形界面、虚拟现实等）。此外,CORBA、COM 等技术也为异种平台连接提供方便。

（三）传输层

传输层是对发布信息的传递,主要有两种方式:非格式化的数据传输,比如用 FAX 和 E-mail 传输的消息,它主要是面向人的;格式化的数据传输,EDI 就是这种传输方式的典型代表,它的传递和处理过程是面向机器的,无需人的干涉,订单、发票、装运单等都比较适合这种方式的数据传输。而 HTTP 是 Internet 上十分常用的协议,它以统一的显示方式,在多种环境上显示非格式化的多媒体信息。人们可以在各种终端和操作系统下通过使用 HTTP 协议的浏览器软件,根据统一资源定位器（Uniform

Resource Locator, URL)找到需要的信息。

（四）服务层

服务层为方便网上交易提供通用的业务服务,是所有企业、个人从事电子商务活动都会使用的服务。它主要包括安全、认证、电子支付等。

数字化信息在电子化环境下的传递和传统信息传递有所不同。数字化信息容易被不留痕迹地篡改,在传输的过程中也容易丢失,并且一旦发生了冲突,要想寻找相应的证据并非轻而易举。因此,通过网络进行的消息传播要适合电子商务的业务,需要确保安全和提供认证,使得传递的消息是可靠的、不可篡改的、不可抵赖的,并在有争议的时候能够提供适当的证据。这个过程通常是由专门的安全认证机构通过一定的算法来解决的。

交易活动的最终完成必然有资金的支付。在电子商务环境下,支付活动是以电子支付的形式实现的。购买者发出一笔电子付款(以电子信用卡、电子支票或电子现金的形式),并随之发出一个付款通知给卖方,卖方通过中介的验证获得付款。为了保证网上支付是安全的,就必须保证交易是保密的、真实的、完整的和不可抵赖的,目前的做法是用交易各方的电子证书(即电子身份证明)来提供端到端的安全保障。

（五）应用层

在基础通信设施、多媒体信息发布、信息传输以及各种相关服务的基础上,人们就可以进行各种实际应用。如供应链管理、企业资源计划、客户关系管理等各种实际的信息系统,以及在此基础上开展企业的知识管理、竞争情报活动。而企业的供应商、经销商、合作伙伴以及消费者、政府部门等参与电子互动的主体也是在这个层面上和企业产生各种互动。

在以上5个层次的电子商务基本框架的基础上,技术标准和政策、法律、法规是两类影响其发展的重要因素。

首先,技术标准是信息发布、传递的基础,是网络上信息一致性的保证。技术标准不仅仅包括硬件的标准,如规定光纤接口的型号;还包括软件的标准。如程序设计中的一些基本原则;包括通信标准,如目前常用的 TCP/IP 协议就是保证计算机网络通信顺利进行的基石;还包括系统标准,如信息发布标准 XML 或专门为电子商务制定的 ebXML,以及 VISA 和 Mastercard 公司同业界制定的电子商务安全支付的 SET 标准。各种类型的标准对于促进整个网络的兼容和通用十分重要,尤其是在十分强调信息交流和共享的今天。

其次,国家对电子商务的管理和促进可以通过其采取的政策来实现。电子商务是对传统商务的彻底革命,由此也带来了一系列新的问题。国家和政府通过制定各种政策来引导和规范各种问题的解决,采用不同的政策可以对电子商务的发展起到支持或抑制作用。目前各国政府都采取积极的政策手段鼓励电子商务的快速发展。美国的《全球电子商务框架》和我国的《国家电子商务发展总体框架》都是重要的体现。具体说来,政府的相关政策围绕电子商务基础设施建设、税收制度、信息访问的收费等问题进行。另外,电子商务是真正跨国界的全球性商务,如果各个国家按照自己的交易方式运作电子商务,势必会阻碍电子商务在本国乃至世界的发展。因此,必须建立一个全球性的标准和规则保证电子商务的顺利实施。各国政府在政策的制定过程中,也要考虑其他国家的政策以及国际惯例。

最后,国家和政府也可以通过制定法律、法规来规范电子商务的发展。法律维系着商务活动的正常运作,对市场的稳定发展起到了很好的制约和规范作用。电子商务引起的问题和纠纷也需要相应的法律法规来解决。而随着电子商务的产生,原有的法律法规并不能完全适应新的环境,因此,制定新的法律法规,并形成一个成熟、统一的法律体系,对世界各国电子商务的发展都是不可或缺的。

三、电子商务系统的要素组成

从要素构成的角度讲,电子商务活动的一般由电子商务实体、电子市场、交易事务和信息流、商流、资金流、物流等基本要素构成。电子商务实体是指能够从事电子商务的客观对象。它可以是企业、银行、商店、政府机构和个人等。电子市场是指电子商务实体从事商品和服务交换的场所。它由各种各样的商务活动参与者,利用各种通信装置通过网络将他们联接成一个统一的整体。交易事务是指电子商务实体之间所从事的具体的商务活动的内容,例如询价、报价、转账支付、广告宣传、商品运输等。电子商务中的任何一笔交易都包含着各种基本的流,即信息流、商流、资金流、物流。其中,信息流既包括商品信息的提供、促销行销、技术支持、售后服务等内容,也包括诸如询价单、报价单、付款通知单、转账通知单等商业贸易单证,还包括交易方的支付能力、支付信誉等。商流是指商品在购销之间进行交易和商品所有权转移的运动过程,具体是指商品交易的一系列活动。

资金流主要是指资金的转移过程,包括付款、转账等过程。在电子商务活动中,信息流、商流和资金流的处理都可以通过计算机和网络通信设备实现。物流作为 4 流中最为特殊的一种,是指物质实体商品或服务的流动过程。具体指运输、储存、配送、装卸、保管、物流信息管理等各种活动。对于少数商品和服务来说,可以直接通过网络传输的方式进行配送,如各种电子出版物、信息咨询服务、有价信息软件等。而对于大多数商品和服务来说,物流仍要经由物理方式传输。在电子商务过程的流中,信息流最为重要,它在一个更高的位置上实现对流通过程的有效监控,能有效地减少库存,缩短生产周期,提高流通效率。而物流是实现电子商务的重要环节和基本保证,在电子商务活动中,消费者通过上网点击购物,完成了商品所有权的交割过程即商流过程,但电子商务的活动并未结束,只有商品和服务真正转移到消费者手中,商务活动才告以终结,所以在整个电子商务的交易过程中,物流实际上是以商流的后续者和服务者的姿态出现。

电子商务是一种以信息为基础的商业交易的实现方式,是商业活动的一种新模式。各行业的企业可以通过网络连接在一起,使得各种现实与虚拟的合作成为可能。在一个供应链上的所有企业都可以成为一个协调的合作整体,企业的雇员也可以参与到供应商的业务流程中。零售商的销售终端可以自动与供应商连接,采购订单会自动被确认并安排发货。任何企业都可能与世界范围内的供应商或客户建立业务关系,企业也可以通过全新的方式向顾客提供更好的服务。电子商务可以提高贸易过程中的效率,也为中小企业提供了一个新的发展机会。

四、电子商务系统的经营层次组成

电子商务中最重要的主体是企业。按照企业参与电子商务的程度,可以把电子商务分成 3 个层次。

(一) 电子商情

这是初级层次的电子商务,即在网上做广告或者提供商情。凡是利用信息技术手段进行商务活动都可被看成广义的电子商务。这是广泛的低层次的电子商务,在该层次上,企业主要完成上网工作。这个层次的电子商务简单易行,依靠一台个人电脑和一根网线就可以实现。企业可以通过上网获取 Internet 上的各种信息,包括合作伙伴、经销商、供应商以及竞争对手、行业协会、政府部门的大量信息。通过 E-mail 等手段,企业还可以和客户、厂商进行沟通。严格地说,这和真正意义上的电子商务,如网上交易还相距甚远。但是,完全意义上的网上交易是建立于上网这个初级阶段之上的。

（二）网上撮合

这是中级层次的电子商务,主要功能是通过网络进行信息传递和信息服务,撮合买卖双方进行交易,签订合同,是电子商情的扩展。企业需要在 Internet 上宣传自己。首先是建立本企业的主页,在自己的主页上发布各种信息,树立形象,宣传产品,通过租用其他商业网站的形式在 Internet 上发布。企业也可以建立自己的网站。但这样,企业除了需要申请专用的域名之外,还需要建设和维护自己的服务器和数据库。尽管这种方式的网上宣传在资金和人力上的投入较前一种要多,但是,这样企业对信息的发布、更改和删除有了完全的自主性,从而可以获得更好的宣传效果。再次,企业可以在其网站上提供交互表格等形式的服务,以方便用户进行网上订购。企业可以通过对网上订单的处理,推荐应用"邮局汇款""货到付款"等方式解决支付和配送等问题。

（三）完全实现电子交易

这是电子商务的高级层次,它的核心就是电子支付和电子结算,逐步实现物流和资金流的网上结算。企业利用内联网、外联网和 Internet,实现企业内部、企业之间以及企业和政府部门、消费者之间的所有联系。企业内部之间的各种信息沟通、协作交流都可以通过电子的方式进行;企业和企业之间的洽谈、定购、信贷等活动都通过外联网实现;通过 Internet 参与政府采购、上缴税收、接受商检;通过 Internet 向世界各地的消费者宣传企业的产品和服务、提供信息服务和技术支持、接受网上订购、完成网上支付并最终实现商品或服务的配送。

高级层次的电子商务可以说是彻底的电子商务。企业的生产、财务、管理、营销等所有活动都通过信息技术和信息系统来实现,这不但大大简化了企业内部的交流,使企业各部门之间以及企业之间能够更好地协作,从而提高了办公效率;另外,也加强了和政府相关管理部门的联系,拓展了市场范围,使得潜在市场扩大到整个世界,增进了和客户的沟通,从而最终促进了企业产品和服务的销售,使得企业获得了更多的利润。但企业要实现最高层次的电子商务,需要一定的软硬件条件,也受到企业文化等人文性质因素的影响。因此,企业在实施电子商务的过程中,应该根据自己的实际需要和现有条件与能力,从最初级做起,循序渐进。

第五节 农村正成为下一个电子商务的发展点

一、农村和电子商务有着互补性的合作关系

近年来,我国电子商务发展迅速。以往的电商发展模式大多扎根于城市,而农村由于受消息闭塞,交通不便等原因,没有发展起来。面对新形势,"农村电商"的提法也越来越进入人们的视野内,农村电商平台可以实现生产、销售信息的无缝对接,有效缓解了买难卖难的问题。不仅仅让在农村的消费者足不出户就能够享受到来自全球的商品,而且帮助农业生产者更好地把产品销往全国各地乃至销往世界各地。通过互联网,农民不用进城打工,不用进城找各种工作机会,也能够依靠家乡的资源,各种特色,通过网络进行创业。而且农民的生产资料的供给和需求,通过互联网的方式能够更好地满足。

二、电子商务正逐步向农村发展

2015 年国务院出台了《关于促进农村电子商务加快发展的指导意见》(以下简称《意见》),明确提出到 2020 年初步建成统一开放、竞争有序、诚信守法、安全可靠、绿色环保的农村电商市

场体系。

《意见》提出了七大政策措施,包括加强政策扶持、鼓励和支持开拓创新、大力培养农村电商人才、加快完善农村物流体系、加强农村基础设施建设、加强农村基础设施建设、营造规范有序的市场环境。

这一关于农村电商的顶层设计一经提出马上受到各方关注,作为一个基数庞大尚待开发的市场,要创造出另一个阿里巴巴或是京东也并非不可能。

根据CNNIC最新报告数据显示,全国共有农村网民1.86亿人,仅占农村总人口数量的20%,农村地区互联网普及率仅为30.1%,不到城市普及率的50%。而另一组数据显示,网民中有56%参与网购。

从我国农村电商当前发展情况来看,主要分为农产品电商和农资电商两类,两者市场规模均在万亿元以上,农村电商必然是下一个创富风口。

目前,国内参与农村电商的企业大致分为3类,以阿里、京东为代表的互联网企业,以金正大、新都化工为代表的农资企业以及以辉隆股份为代表的供销社平台。

从市场细分的角度来看,农产品电商这种基于城市消费群体的电商模式,如今已经积聚了太多的竞争者,更何况有巨头的介入。相比较而言,农资电商的发展空间更大一点。所谓农资,是农用物资的简称,包括种子、农药、化肥、农膜及农业生产、加工、运输机械等。统计表明,目前国内农资市场容量超过2万亿元人民币,其中,种子、化肥、农药、农机4类农资产品的市场空间分别约为3 500亿、7 500亿、3 800亿和6 000亿元,市场空间巨大但电商化率很低。

另外的机会在于物流方面。众所周知的是,与城市发达的物流业不同,农村的物流发展滞后,这大大制约了农村电商的发展。无论是对于"最初一公里"还是"最后一公里"而言,没有物流体系的保障一切都是空谈。

事实上,除了我们传统意义上所认识的电商以外,更应该关注的可能是互联网的介入,会让传统农耕模式产生怎样的变化。我们关注的重点不应该只在销售领域,更可以多留意农业电商的发展会否重塑沿袭了数千年的农耕模式,这也许会是一个更好的介入点。

第六节　农产品电子商务的基本流程

对于 Internet 上的电子商务交易来讲,大致可以归纳为网络商品直销和网络商品中介交易这两种基本的流程。不同类型的电子商务交易,其流程是不同的。

一、网络商品直销的流程

网络商品直销是指消费者和生产者,或者是需求方和供应方直接利用网络形式所开展的买卖活动。这种在网上的买卖交易最大的特点是供需直接见面,环节少、速度快、费用低。其典型流程见下图。

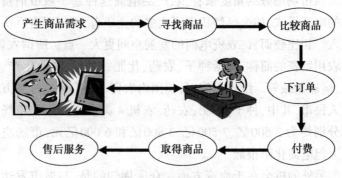

图　网络商品直销的典型流程

（1）买方寻找、比较商品。消费者在 Internet 上查看企业和商家的主页（HomePage）。

（2）买方下订单。消费者通过购物对话框填写姓名、地址、商品品种、规格、数量、价格。

（3）买方付费。消费者选择支付方式，如信用卡、借记卡、电子货币、电子支票等，企业或商家的客户服务器接到定单后检查支付方的服务器，确认汇款额是否被认可。

（4）卖方发送商品、买方取得商品。企业或商家的客户服务器确认消费者付款后，通知销售部门送货上门。

（5）卖方取得货款。消费者的开户银行将支付款项传递到信用卡公司，信用卡公司将货款拨付给卖方，并将收费单发给消费者。

上述过程中认证中心（CA）作为第三方，确认在网上经商者的真实身份，保证了交易的正常进行。

网络商品直销的诱人之处，在于它能够有效地减少交易环节，大幅度地降低交易成本，从而降低消费者所得到的商品的最终价格。消费者只需输入厂家的域名，访问厂家的主页，即可清楚地了解所需商品的品种、规格、价格等情况，而且，主页上的价格最接近出厂价，这样就有可能达到出厂价格和最终价格的统一，从而使厂家的销售利润大幅度提高，竞争能力不断增强。

网络商品直销的不足之处主要表现在两个方面。

第一，购买者只能从网络广告上判断商品的型号、性能、样式和质量，对实物没有直接的感知，在很多情况下可能产生错误的判断。而某些厂商也可能利用网络广告对自己的产品进行不实的宣传，甚至可能打出虚假广告欺骗顾客。

第二，购买者利用信用卡进行网络交易，不可避免地要将自己的密码输入计算机，由于新技术的不断涌现，犯罪分子可能利用各种高新科技的作案手段窃取密码，进而盗窃用户的钱款。

这种情况不论是在国外还是在国内,均有发生。

二、网络商品中介交易的流程

网络商品中介交易是通过网络商品交易中心,即虚拟网络市场进行的商品交易。在这种交易过程中,网络商品交易中心以 Internet 网络为基础,利用先进的通讯技术和计算机软件技术,将商品供应商、采购商和银行紧密地联系起来,为客户提供市场信息、商品交易、仓储配送、货款结算等全方位的服务。

买卖双方各自的供、需信息通过网络告诉网络商品交易中心,网络商品交易中心通过信息发布服务向交易的参与者提供大量的、详细准确的交易数据和市场信息。

买卖双方根据网络商品交易中心提供的信息,选择自己的贸易伙伴。网络商品交易中心从中撮合,促使买卖双方签定合同。

买方在网络商品交易中心指定的银行办理转账付款手续。

网络商品交易中心在各地的配送部门将卖方货物送交买方。

通过网络商品中介进行交易具有许多突出的优点:首先,网络商品中介为买卖双方展现了一个巨大的世界市场,这个市场网络储存了全世界的几千万个品种的商品信息资料,可联系千万家企业和商贸单位。每一个参加者都能够充分地宣传自己的产品,及时地沟通交易信息,最大程度地完成产品交易。这样的网络商品中介机构还通过网络彼此连接起来,进而形成全球性的大市场,目前这个市场正以每年 70% 的速度递增。其次,网络商品交易中心作为中介方可以监督交易合同的履行情况,有效地解决在交易中买卖双方产生的各种纠纷和问题。最后,在交易的结算方式上,网络商品交易中心采用统一集中的结算模式,对结算资金实行统一管理,有效地避免了多形式、多层次的资金截留、占用和挪用,提高了资金风险防范能力。

【案例一】

农产品电子商务大有可为

河南津思味农业食品发展有限公司专业从事树莓水果、树苗、果汁、果浆、果酒等相关产品的销售。公司前身是成立于2003年的封丘县留光乡青堆村新特优果业协会,于2005年变更为封丘县青堆树莓合作社,2007年根据农民专业合作社法规定组建封丘县青堆树莓专业合作社。目前,合作社实现年产值1.5亿元,种植面积22 000多亩(15亩=1公顷。全书同),带动6 500多户农民致富。

河南津思味农业食品发展有限公司是伴随着电子商务发展而发展。公司位于河南封丘县留光镇青堆村,距离国家扶贫开发重点县封丘县县城15千米,周边地偏人穷,工业基础设施差。公司从一开始就面临着资金紧张、市场开拓难、采购成本高、人才紧缺等一系列难题,但也正是这样,公司才能迎难而上借助电子商务成本小、易开展、无距离、范围广等特点做大做强树莓产业。主要做法是:

1. 充分发挥网络宣传销售成本低、效益高的特点

依据树莓消费人群分布广、知识水平高的特点,自2006年开始,公司就建立网站进行宣传推广,不久就收到了全国多个出口公司的业务,国内的经销商也纷纷找上门来,2008年公司的树莓还进入了奥运会的餐桌,公司开始尝到网络宣传的甜头。2009年以来,公司在中央网络电视台、新浪网、百度搜索等平台进行低成本广告宣传,通过阿里巴巴、淘宝网等第三方电子商务平台进行产品销售,入驻食品招商网等网站进行代理招商,通过二维码、微信公众平台等新技术直接面对消费者扩大宣传。截至目前,公司拥有树莓种植、产品宣传、销售加盟等5个电子商

务网站,公司 80% 以上客户与市场消费者是通过电子商务,网络营销推广效果显著。2013 年公司网络营销推广投入 200 多万元,占广告总投入的 40% 以上,B2C 网络直接销售额 1 500 多万元,B2B 销售额 5 500 多万元,占总销售额的 50%,吸引淘宝卖家 30 多人,吸纳兼职销售人员 50 多人,支付佣金 160 多万元。

2. 网络采购货比多家,质优价廉

公司起初主要以树莓鲜果销售为主,2009 年经济危机,外贸出口业务受阻,树莓果的销售困难加剧,公司开始拉长产业链,加快树莓深加工的步伐。由于没有做过树莓深加工也没有相关渠道,公司就通过网上联系到了多家饮料厂,经过考察选定了代加工厂,各种原辅料也基本上通过网上联系到生产厂家,2010 年公司成功代加工并上市了树莓饮料、树莓冻干果产品。几年来公司在除树莓鲜果外的采购中,网上联系采购占比在 70% 以上,其中,2013 年通过网络直接或间接采购额 2 200 多万元,从全国各地的经销商中通过货比多家总能选择出质优价廉的原材料,总体上节省采购成本 30% 以上。

3. 公司管理电子化、网络化

随着公司的逐步发展,电子商务投资也在逐年增加,公司专门设立电子商务部,员工 12 人,分别主管广告、技术、销售、客服、采购等业务。为配合电子商务工作,公司专门采购电脑及笔记本 57 台,统一配置高流量安卓智能手机 30 多部,20 兆光纤联网,全厂 8 个无线热点,建立企业 OA 办公系统,实现会计电算化、社员管理电子化。公司每周对员工进行电商培训,与时俱进,促进公司电子商务发展。为方便农民培训,建有可容纳 150 多人的远程网络电教化培训室,可直接与中国林科院专家远程教学培训。公司将种植生产中心、北京研发中心、郑州上海销售中心通过电子商务形成种植、生产、研发、市场、人才的有机结合,促进树莓产业线上线下共同发展。

【案例二】

菜管家——优质农产品订购平台

2008年9月以来,国际金融危机持续蔓延,农产品消费需求趋淡,对我国农业、农村经济影响不断加深,不少农产品价格出现下滑,加上三鹿奶粉、四川广元柑橘大实蝇疫情等事件严重打击农产品消费信心,部分地区先后发生柑橘、苹果、鸡蛋、马铃薯等鲜活农产品滞销难卖现象,给农业生产稳定发展和农民持续增收带来了很大压力,也使普通消费者对农产品选购产生了心理阴影——面对种类繁多的农产品不知道如何区分优劣。为此,农业部要求切实抓好农产品产销对接,全面贯彻促进农产品流通发展的各项措施,加大对农产品质量安全的监控和管理,逐步建立农产品产销对接长效机制,多方面为各地优质农产品生产、加工、流通企业搭建产销对接平台。

上海市正在全力打造"菜管家"优质农产品电子商务平台——www.962360.com。2009年7月,菜管家网站改版上线试运行,推出个人在线订购服务。目前,"菜管家"提供涉及人们饮食的8大类37小类、近2 000种涵盖蔬菜、水果、水产、禽肉、粮油、土特产、南北货、调理等全方位高品质商品,为3 000多家大中型企业提供节日福利与商务礼品服务,为近20 000个人提供网上订购和电话订购服务。此地"菜管家"还在上海市青浦建立了符合GMP食品安全管理体系的物流仓储基地,建成了一套集ERP、SCM、CRM、OA等信息支撑平台于一体的IT支持系统,开通了COD货到付款和在线支付的结算体系,提供安全、便捷的支付体验。2009年"菜管家"获得年度中国农业百强网站、年度农副类网站用户投票第一名、迎世博2009九鼎杯上海市场诚信经营单位称号。

1. 服务定位分析

服务定位即企业向哪个群体的消费者提供何种服务。"菜管家"是面向上海的白领及企业,对于白领及其家庭"菜管家"提供了包月、包年"两人份""三人份"等服务,可根据消费者的要求,每天按时送货。消费者还可以将自己及家人的身体状况输入到网站的系统中,由营养专家分析后,按照每个人的体质对每年的膳食进行搭配。对企业而言,主要是以礼品券的形式进行交易的。企业一次性向"菜管家"团购一批礼品券,在节日期间发放给员工作为福利,员工可凭券根据个人喜好在网站挑选自己喜好的农产品。

对于目前的农产品消费而言,去超市、菜市场采购仍是消费者普遍采用的方式。此外,虽然我国网民数量仍然在不断的快速增长,网上交易额也在不断增加,但多是年轻人进行交易,并且多集中在服装、3C 产品等方面,对于网购农产品的认知和支付意愿还处在初级阶段。在开展电子商务时,盈利模式无非是两种:一种是通过完善的服务赚取附加值,另一类是通过直接采购的方式降低价格,聚集人气,通过销售量的增加来赚取利润。由于农产品,尤其是生鲜类农产品本身易腐、附加值低等特点,将电子商务应用到农产品销售时,一方面可以采取直采的方式来降低采购成本;另一方面又要通过提供各种完善的服务来增加价值。这些因素都使得"菜管家"在最初的战略定位时将上海的中高收入的年轻白领锁定为客户群。在进行宣传时,将直采、有机、可追溯等作为重点推广,同时,提供完善的售后服务来达到增加附加值的目的。

2. 采购、加工流程分析

"菜管家"在采购方面与农户、农民专业合作社、龙头企业合作。在与农户的合作方面,公司员工凌晨上门,帮助农户进行分拣并取货;提供免费包装并包销;同时联手农信通与农户及时进行信息交流。与农民专业合作社的合作主要集中在良种场。"菜管家"通过与良种场的合作进行品种的保护,并且负责对品种的宣传和包销。这里比较典型的就是上海南汇纯种浦东鸡定点养殖基地的合作。浦东鸡为国家级畜禽遗传资源保护品种,通过与"菜管家"的合作,该基地整个生产管理过程采用了全程安全监控,每只鸡上都有专门的 RFID 标签,全程记录鸡的整个生长过程,以保证鸡种的纯正。同时,通过"菜管家"的网络宣传,扩大了浦东鸡的销售量,使得整个基地的效益得到了提升,"菜管家"也从中获得一定的收益。与龙头企业的合作主要是龙头企业提供一定数量的农产品供"菜管家"在网上销售,由于"菜管家"目前的网上销售量还不是很大,龙头企业的产品占的比重较低,因此龙头企业与"菜管家"合作的意愿并不强烈,交易量也较小。

此外,"菜管家"还通过与全国较有特色的种植基地如"新疆哈密大枣""陕西核桃油"建立联系,实现部分特色农产品的全国直采。"菜管家"在加工方面拥有自己的加工厂和冷库,可以对采购的农产品进行一定程度的粗加工和简单包装,并且可以存储一段时间。

3. 配送流程分析

"菜管家"在农产品配送方面通过与第三方物流公司合作,实现当天订货当天送达。消费者在网上提交订单后,客服人员会通过电话与消费者确认并商讨送货时间。然后客服人员会通知第三方物流公司取货时间,由第三方物流公司将农产品送到消费者手中。若是一次性购买低于 300 元,每次配送收取 10 元的快递费,超过 300 元则免快递费。

"菜管家"的成功实践表明,无论是借助现有的快递网络,还是依靠自身建设配送渠道,都要针对消费者需求、不同种类农产品的特点等对配送渠道进行完善的细节设计。通过完善的细节设计，可以将农产品电子商务两端大量的生产者和消费者有机联系起来，从而达到提高配送效率，降低物流成本的目的，"细节决定成败"在农产品电子商务中体现的尤为明显。

4. 品牌建设分析

"菜管家"销售的农产品中，部分由自身进行粗加工和包装，并贴上自己的标签，有些是对已有品牌的网上代卖。例如，大米就有"锦菜园""美裕"等四五个品牌同时在网上销售。

品牌在国内农产品领域是弱项，现有研究表明农产品品牌建设严重滞后于工业产品品牌和服务产品品牌圈。人们对农产品的品牌意识不强，如果从超市购买散装产品，品牌影响或许不大。而对于农产品电子商务公司而言，树立一个值得信赖的品牌形象，就像网上买书会想到"当当""卓越"一样，使消费者可以放心地在该网站购物是其生存和发展的重要因素。

模块二 农产品电子商务交易模式及平台构建

第一节 农产品电子商务模式概述

一、电子商务模式的含义

商业模式是指一个企业从事某一领域经营的市场定位和盈利目标,以及为了满足目标客户主体需要所采取的一系列的整体战略组合。具体来说,它是为了实现客户价值最大化,将能使企业运行的内外各要素整合起来,形成一个完整、高效的具有核心竞争力的运行系统,并通过最优的实现形式满足客户需求、实现客户价值,同时使系统达成持续盈利目标的整体解决方案。简单而言,它主要研究企业通过什么方式或途径来获得利润。虽然商业模式的概念在 20 世纪 50 年代就已经被提出,但直到 90 年代才被广泛使用和推广。

二、电子商务模式的特点

电子商务模式是企业商业模式在网络经济环境下的具体应用,其特点体现在以下 3 个层次。

(一)目标价值层次

在传统经济中,企业商业模式的构建以企业利润最大化为目标,对于顾客利益和价值链中其他企业的利益通常考虑较少,因此存在着供需矛盾和企业之间的矛盾。供需矛盾的产生,主要是因为供应链企业间的供需关系不透明,它还会因"牛鞭效应"①而放大;企业之间的矛盾的产生,主要是因为价值网络中处于相同或相近角色的企业之间存在竞争,导致无法实现本来可以通过协作达到的高效率。然而,在电子商务模式下,这种状况得以改变。企业利用电子商务平台进行信息共享、快速沟通,使顾客的价值需求得到满足,并使供应链间的企业实现信息的快速交换。只有当供应链间的企业的信息和资源都实现了共享,各企业通过彼此协商、谈判和沟通达成价值目标最大化的共识,并在此基础上进行协同作业,才能实现利益共享,使价值增值并达到最大化。

(二)"流"层次

基于目标价值的电子商务模式的核心在于具有建立一个规范的电子商务环境以及不断提升电子商务技术的应用能力。在电子商务模式中,"流"层次中各种"流"的作用和地位与传统商业模式不同,已经发生了变化。价值流、信息流和知识流成为关注的对象,基于"流"的处理能力表现在不断采用新的理论和方法。先进的技术能使信息流以更快、更稳定的方式流动;知识能够在更广泛的范围内实现共享并得到应用。另外,通过对价值流的分析和重新设计,在整个价值网络中可以从以下两个方面来增加新的价值:一是消除无效或效率低下的运转环节,以大幅度降低交易成本;二是增加已存在的商业活动价值,以提升整个产品或服务的新增价值。

(三)使能性实体层次

在电子商务环境下,企业向外延伸扩展,必然会拓展企业伙伴关系网络,也会增加企业协同作业机制在使能性实体层次中

①　牛鞭效应是对需求信息扭曲在供应链中传递的一种形象的描述

的重要地位。使能性实体是上层结构实现的基础。

三、电子商务模式的分类

对于电子商务模式的分类，主要存在以下两种方法。

（一）麦肯锡咨询公司的电子商务模式分类

世界著名的全球管理咨询公司——麦肯锡管理咨询公司认为，主要有3种新兴电子商务模式，即销售方控制的商业模式、购买方控制的商业模式和中立的第三方控制的商业模式。

其中，销售方控制的商业模式只提供信息的卖主网站，可通过网络订货的卖主网站；购买方控制的商业模式是通过网络发布采购信息，是采购代理人和采购信息收集者的偏好的模式；中立的第三方控制的商业模式提供特定产业或产品的搜索工具，包括众多卖主的店面在内的企业广场和拍卖场。

（二）以企业和消费者作为划分标准的分类

获得电子商务界一致认同的分类方法是以企业和消费者作为划分标准，分别划分出企业对消费者、企业对企业和消费者对消费者等电子商务模式。

第二节　B2C 电子商务模式

B2C 电子商务模式是企业通过互联网直接向个人消费者销售产品和提供服务的经营方式，是消费者广泛接触的一类电子商务，也是互联网上最早创立的电子商务模式。

一、我国 B2C 电子商务模式的发展历程

结合我国电子商务的发展历程，可以说，我国 B2C 电子商务模式的发展经历了以下几个典型阶段。

(一)1997—1999 年:萌芽阶段

我国的电子商务始于 1997 年。1999 年,"8848 网上超市"的创建是我国 B2C 电子商务模式开始发展的一个标志。1999 年,我国网上消费总额为 5 500 万元,仅占当年全社会消费品零售总额的很小一部分,但对于尚处于萌芽阶段的 B2C 电子商务模式而言,预示着美好的发展前景。这一阶段,综合的 B2C 网站受到广泛关注,国内涌现了一大批 B2C 电子商务网站,如当当网、E 国等。

(二)2000—2002 年:停滞阶段

受到互联网泡沫的影响,2000 年下半年,我国网上零售市场进入停滞阶段。在此阶段,垂直 B2C 逐步兴起,并成为主导。随着互联网泡沫的破裂,这一时期也暴露了中国 B2C 电子商务模式存在的诸多问题,如停留在简单模仿国外电子商务经营模式,并未考虑自身特点;重技术、轻商务等。这一时期出现的网站有 18900 手机网、蔚蓝网、搜易得等。

(三)2003—2005 年:迅速反弹阶段

从 2002 年底开始,尤其是 2003 年,非典型性肺炎的爆发给人们的日常生活带来了严重影响,却使得电子商务市场出现反弹。与此同时,国内的 B2C 企业也受到了投资者的青睐,这对中国的 B2C 电子商务的发展起到了积极的作用。2003 年起,我国 B2C 市场产业链逐渐成熟,市场规模稳步提升。随着我国电子商务宏观环境的进一步改善,网民人数的快速增加,网上安全支付系统的逐步普及以及物流配送系统规模的扩大,2004 年以来,我国 B2C 站点进入了高速发展期。例如,京东商城、红孩子网、饭统网、PPG 等均是在这一时期出现的网站。

(四)2006 年至今:快速发展阶段

虽然经历了 2008 年的经济危机,但整体而言,从 2006 年开始,我国的 B2C 电子商务模式进入了一个快速发展阶段。这一阶段涌现了更多的 B2C 网站,如麦包包、逛街网、凡客诚品、好乐买、Justyle 等。易观国际的研究数据表明,2007 年之前,中国线上 B2C 用户在线购买的商品种类以图书、音像等出版物以及虚拟产品为主,当当网、卓越亚马逊、云网一直占据市场份额的前三位,而随着红孩子网、PPG、北斗星手机网等垂直领域线上 B2C 厂商的进入,母婴用品、男士衬衫、手机等产品的在线销售开始获得线上 B2C 用户的认可。2009 年上半年,中国网络购物市场交易规模已经突破 1 000 亿元,而这其中 B2C 商城业务的增长最为迅猛。艾瑞咨询的数据显示,截至 2009 年 5 月,B2C 网上商城覆盖人数接近 1.3 亿,B2C 商城用户增长率已经连续 3 个月领先 C2C 平台。目前,中国的线下零售商逐步开展 B2C 业务,产业链上下游深度合作。同时,B2C 电子商务市场规模的扩大,支付、物流和信用环境的进一步完善,也为 B2C 电子商务模式提供了更好的发展环境。虽然我国的网购市场主要源于 C2C 的兴盛,但 B2C 的迅猛发展势头却被更多人看好。2010 年,我国 C2C 市场的"领头羊"淘宝网也宣布将正式进入 B2C 电子商务市场,受到了业界的广泛关注,这显示了中国互联网电子商务平台的赢利模式正在发生结构性变化。2014 年,天猫网购全年交易额突破 800 亿元;京东商城全年交易额也达到 309 亿元。全国的 B2C 总交易额达到 2 400 亿元,同比增长 130%。

二、B2C 电子商务模式的分类

B2C 电子商务模式主要有两种分类方式。

(一)按照企业和消费者的买卖关系分类

从企业和消费者买卖关系的角度看,B2C 电子商务可分为卖方企业—买方个人的电子商务、买方企业—卖方个人的电子商务以及综合模式的电子商务 3 种模式。

1. **卖方企业—买方个人的电子商务模式**

卖方企业—买方个人是一种卖方(企业)向买方(个人)销售商品或服务的模式。在这种模式中,卖方首先应在网站上开设网上商店,建立交易平台,公布商品或服务的名称、价格、品种、规格、性能等,供消费者选购;然后消费者在线选购、下订单并支付货款;最后由商家或第三方物流企业将商品送到消费者手中。

在这种模式中,企业不需要开设实体店铺即可与消费者进行"零距离"的沟通和交易,不仅节省了店铺租金和人员工资,还能及时得到消费者的反馈,及时调整库存和配送计划,进一步节约运营成本。对于消费者而言,他们足不出户即可"货比三家",能够获取更多、更透明的商品信息,极大地降低了购物的烦琐性,又节约了购物时间,获得了更多的便利。这种模式中比较典型的代表是卓越亚马逊。

2. **买方企业—卖方个人的电子商务模式**

买方企业—卖方个人是一种买方(企业)向卖方(个人)求购商品或产品的模式。这种模式在企业网上招聘人才活动中应用最多。在这种模式中,企业首先在网上发布需求信息,然后应聘者上网与企业洽谈。这种方式在当今社会中极为流行,因为它建立起了企业与个人之间的联系平台,使得人力资源得以充分利用。

3. **综合模式的电子商务**

综合模式的电子商务结合了上述两种模式,企业和个人都在网上发布信息,然后企业进行网上面试或者个人上网寻找企业进行洽谈。现在许多的人才招聘网站都在采用这种模式。

(二)按照交易的客体分类

按照交易中的客体的性质,可将 B2C 电子商务模式分为销售无形产品或服务的电子商务模式和销售有形产品的电子商务模式。前者是一种完全的电子商务模式,后者则是一种不完全的电子商务模式。

1. 销售无形产品或服务的电子商务模式

无形产品又称为虚拟产品,如电子信息、音乐、电影、充值卡、计算机软件、游戏等,它们可以直接通过网络传输而获得。销售无形产品或服务的电子商务模式主要有网上订阅、付费浏览、广告支持和网上赠予4种。

(1)网上订阅。网上订阅是指消费者在网上订阅企业提供的无形产品或服务,并通过网络进行浏览或消费的模式。网上订阅主要被商业在线机构用来销售报纸杂志、有线电视节目等,其形式又分为在线服务、在线出版、在线娱乐等。

(2)付费浏览。付费浏览是指企业通过网页安排向消费者提供计次收费性网上信息浏览和信息下载的电子商务模式。在这种模式中,消费者可以根据自己的需要,有偿购买企业所提供产品和服务的其中一部分,从而可以作为一种产品或服务的试用体验。

(3)广告支持。广告支持是指在线服务商免费向消费者或用户提供信息在线服务,而营业活动全部用广告收入来获得的模式。此模式是目前最成功的电子商务模式之一。

(4)网上赠予。网上赠予是一种非传统的商业运作模式,是企业借助于国际互联网用户遍及全球的优势,向互联网用户赠送软件产品,以扩大企业的知名度和市场份额。通过让消费者使用该产品,促使消费者下载一款新版本的软件或购买另外一个相关的软件。

2. 销售有形产品的电子商务模式

有形产品是指传统意义上的实物产品,其电子商务活动中的查询、订购、支付等环节虽然可以通过网络实现,但最后的交付环节仍然要通过传统的方式来实现。

(三)按照销售的模式分类

1. 商品直销模式

商品直销模式是网络销售中最常见的一种模式。它是消费者与生产者之间或者需求方与供给方之间,直接通过网络开展买卖活动的模式。其最大特点是减少了中间环节,供需双方直接交易,费用低、速度快。商品直销模式示意图如图 2 – 1 所示。

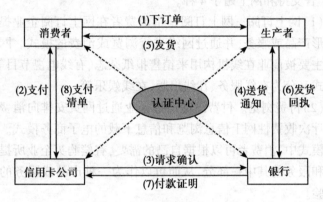

图 2 – 1　商品直销模式示意图

2. 网上专卖店模式

网上专卖店模式一般面向价值相对较高、专业化程度较高或个人需求差异较明显的商品,如汽车、高档首饰、高档服装等。这主要是由于网上专卖店能为消费者提供一对一的定制服务,而提供这种服务的成本往往较高,普通商品的利润不足以支撑这种服务。

3. 网上销售联盟模式

在 B2C 电子商务活动中,有些交易并不是以单个企业对消费者的形式出现的,而是同类型、同行业的多家企业同时为消费者进行服务。将这些企业联合起来的中介称为销售联盟中介，所形成的模式称为网上销售联盟模式。

采用网上销售联盟模式的企业往往比较分散，纪律性不强，自发集中交易的成本比较高。在销售联盟中介出现后，便能以较低的成本将各个分散的企业迅速集中起来，随时发现并响应消费者提出的组合服务需求。例如，消费者通常借助旅行社来预订整个旅途上的食、住、行等活动，旅行社根据消费者的具体需求将相关活动分拆给整条线路上的各个饭店、旅店、航空公司等，此时就由旅行社来担任销售联盟中介的角色。

4. 网上代理模式

网上代理也是近些年迅速发展的 B2C 电子商务模式之一，其形式包括买卖履行、市场交换、购买者集体议价、中介代理、拍卖代理、反向代理、搜索代理等。有些大型企业为了将精力更好地集中于核心业务，而将一些非核心的服务业务转交给一些代理公司，让其为消费者提供售前、售后咨询等业务，这样不仅可以降低企业的运营成本，还可以为消费者提供更加专业的服务。

三、B2C 电子商务模式的交易流程

B2C 电子商务交易中的参与方主要有消费者、商户（企业）、银行、认证中心等，其整个交易流程如图 2 - 2 所示。

下面以当当网首页为例，简要介绍 B2C 模式的交易流程。

（1）注册。消费者要在某个商户的网站上进行购物，一般需要注册为该网站的会员，填写相关信息，以便商户维护客户和后期送货。

（2）浏览搜索商品。消费者在登录商户网站后，即可浏览并搜索自己想要的商品。利用当当网提供的搜索栏，消费者可以进行较为精确的搜索。

（3）选定商品并提交订单。当消费者选定自己想要的商品

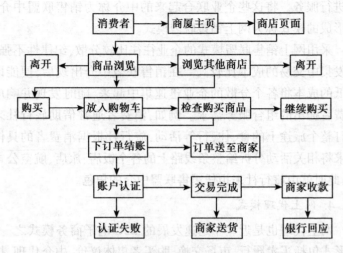

图 2－2　B2C 电子商务交易流程

后,点击"购买",即可将商品放入"购物车"。在"购物车"中,消费者可以查看商品的名称、价格、数量以及金额总计等信息,并可以调整商品的数量,取消某些商品,甚至清空"购物车",重新选择商品。

（4）确认订单信息。消费者进一步确认购物车里的商品信息后,点击"结算",进入确认订单信息环节。在这一环节,消费者主要确认收货人信息、送货方式、付款方式、商品清单,以及确认是否需要发票或使用礼品卡、礼券。

为了保证商品配送的顺利进行,消费者需要认真核对收货人信息栏中的收货人姓名、地址、联系电话等信息。

当当网的送货方式主要有 3 种:普通快递送货上门、加急快递送货上门和邮政特快专递 EMS。其中,前两种方式支持货到付款。为了方便消费者,当当网在普通快递送货上门中还提供了选择送货上门时间的服务,如只限周一到周五上班时间送货或者周六、周日休息时间送货。

网上支付和货到付款是消费者最常用的两种支付方式。如果消费者选择了"网上支付"，则需要先开通网上银行。当当网提供了招商银行、中国工商银行、中国农业银行等十种网上支付渠道。

（5）提交订单，完成支付。当所有订单信息确认无误后，点击"提交订单"，网站将自动生成订单号。如果消费者选择的是网上支付方式，则需要继续进行网上支付操作。至此，网上操作部分基本结束。

（6）商户送货。商户在收到消费者订单后便需要尽快组织送货，并根据消费者提交的送货信息合理安排配送时间和配送方式。消费者也可通过提交订单后生成的订单号在网站上实时查询订单现状，了解送货进度。

另外，如果消费者对此次购买不满意，还可以修改订单，甚至取消订单。

第三节　B2B 电子商务模式

一、我国 B2B 电子商务模式的发展历程

B2B 电子商务是指企业间的电子商务交易模式，即企业之间通过互联网进行产品、服务及信息的交换。虽然 B2C 和 C2C 模式发展得很迅猛，但目前世界上 80% 的电子商务交易额是发生在企业之间，而不是在企业与消费者或消费者与消费者之间。B2B 电子商务模式仍然是电子商务业务的主题，约占电子商务总交易量的 90%。我国 B2B 电子商务模式的发展历程可大致分为以下几个阶段。

（一）萌芽阶段

这个阶段为 1998—2000 年。在 1997 年以前，我国 B2B 电

子商务的主要任务是发展政府项目,比较有代表性的是"三金工程(金关工程、金卡工程、金桥工程)"。从 1999 年开始,受国外 B2B 电子商务模式成功发展的影响,我国成立了第一批 B2B 电子商务平台,如阿里巴巴等。

(二)起步阶段

这个阶段为 2001—2003 年。受互联网经济泡沫的影响,这一阶段的 B2B 电子商务平台发展得比较艰难,大部分较早涌现的 B2B 电子商务平台因无法继续经营而消失。

(三)发展阶段

这个阶段为 2004—2008 年。经历了艰难的起步阶段,从 2004 年开始,以阿里巴巴为代表的 B2B 电子商务平台开始稳定盈利,许多行业垂直 B2B 电子商务平台也在各自的领域崭露头角,这个行业再次受到关注,电子商务阵营开始分化。此时的 B2B 电子商务交易主要有国际贸易、国内行业贸易和商品流通贸易。

(四)多样化发展阶段

这个阶段为 2008 年至今。虽然这一阶段之初就遭遇了金融危机,但经过了前面几个阶段的发展和积累,中小企业利用电子商务的意识逐步提高,我国的 B2B 电子商务开始呈现多样化发展趋势。具体表现为:在发展方式上,综合类 B2B 平台进一步细化发展方向,且涌现了一大批垂直类电子商务平台;同时,电子商务平台的模式也在发展,网站除了提供信息服务外,还提供在线支付和物流配送服务,使用户直接实现在线交易。

二、B2B 电子商务模式的分类

(一)按电子商务面向行业的范围不同分类

根据电子商务面向行业的范围不同,目前 B2B 电子商务模式主要分为两类:垂直 B2B 电子商务和水平 B2B 电子商务。

1. 垂直 B2B 电子商务

垂直 B2B 电子商务主要面向实体企业,包括制造业、商业等行业的企业。这种模式的特点为:所交易的物品是一种产品链的形式,可提供行业中所有相关产品、互补产品或服务,追求的是"专"。由于垂直网站面对的是一个特定的行业或专业领域,所以运作这类网站需要较深的专业技能。专业化程度越高的网站,越需要投入昂贵的人力资本来处理较狭窄、专门性的业务,这样才能发挥该虚拟市场的商业潜能。我国比较有名的垂直 B2B 电子商务网站有我的钢铁网、中国化工网、鲁文建筑服务网等。

垂直 B2B 电子商务可以分为上游和下游两个方向。生产商或零售商可以与上游的供应商之间形成供货关系,如戴尔公司与上游的芯片和主板制造商就是通过这种方式进行合作的。生产商与下游的经销商可以形成销货关系,如思科系统公司与其分销商之间进行的交易就是采取这种方式。

2. 水平 B2B 电子商务

水平 B2B 电子商务主要面向所有行业,是一种综合式的 B2B 电子商务模式。它将各个行业中相近的交易过程集中到一个场所,为买方和卖方创建一个信息沟通和交易的平台,让他们能够分享信息、发布广告、竞拍投标,为他们提供一个交易机会。

水平 B2B 电子商务网站并不一定是拥有产品的企业,也不一定是经营商品的商家,它只为买卖双方提供一个交易的平台,将他们汇集在一起。这类网站追求的是"全"。我国这类网站比较多,现在发展得也较好,如阿里巴巴、慧聪网、全球制造网等。

(二)按交易的媒介不同分类

1. 企业间模式

(1)企业内联网模式。企业内联网模式是指企业有限地对商业伙伴开放,允许已有的或潜在的商业伙伴有条件地进入自己的内部计算机网络,进行商业交易相关操作。这种模式有利于信息的定向收集与保密,也可以与合作伙伴进行更为专业和深入地沟通、交流。但企业在采用这种模式时一定要注意网络的安全性问题。

(2)企业与外部企业间模式。这种模式下,企业与其已有的或潜在的商业伙伴主要通过互联网进行沟通和交流。企业利用自己的网站或网络服务商的信息发布平台,发布买卖、合作、招投标等商业信息。

2. 中介模式

中介模式是指以网络商品中介为媒介进行 B2B 电子商务交易的模式。它是通过网络商品交易中心,即虚拟市场进行的商品交易,是现在 B2B 电子商务交易中一种重要且常见的模式。在这种交易过程中,网络商品交易中心以互联网为基础,利用先进的计算机软件技术和网络通信技术,将卖方、买方、银行、认证中心等紧密地联系起来,为客户提供市场信息、商品交易、货款结算、配送储存的全方位服务。

3. 专业服务模式

专业服务模式是指网上机构通过标准化的网上服务,为企业内部的管理提供专业化的解决方案的 B2B 电子商务模式。这种模式不仅能带给企业非常专业的服务,而且能帮助企业减少开支、降低成本,还能提高客户对企业的信任度和忠诚度。

三、B2B 电子商务模式的交易流程

B2B 电子商务的交易流程可简单归纳为以下几步。

(一)交易前

在进行交易前准备时,买方首先应明确自己想要购买的商品,准备好足够的货款,并制订相应的购买计划;然后搜寻信息,寻找合适的卖家。找到卖家后,买卖双方可就交易事宜进行沟通,如买方向卖方询价,卖方再向买方报价,并说明商品的具体信息,落实商品的种类、数量、价格、交易方式等。

买卖双方在进行交易之前都需要尽可能详细地了解对方的情况,如对方的信用状况、财务状况、送货情况等。如果进行的是国际贸易,还要注意了解对方国家的贸易政策、交易习惯等。买卖双方应尽可能向对方提供更多的信息,以促成交易的成功。

(二)交易中

买卖双方利用电子商务系统就所有的交易细节进行商谈,然后将协商结果制作成文件,签订合同,明确双方各自的权利、义务,标的商品的种类、数量、价格、交货时间、交货地点、交货方式、违约条款等。最后,双方还需要到银行、保险公司、运输公司、税务部门等办理预付款、投保、托运、纳税等相关手续。

(三)交易后

这个环节的核心任务是商品的配送与接收。卖方须根据合同约定,在完成备货、组货后将向买方发货;买方在收到卖方发来的货物后,也必须按照约定检验并接收货物。如果交接活动正常进行,买卖双方将在完成发货和接货后,进行款项的结算,至此整个交易过程告终;如果中途出现违约情况,双方将根据合同约定进行索赔和赔付。

网络商品中介交易模式是一种常见的 B2B 电子商务交易,

其交易流程如图 2-3 所示。图中虚线表示认证中心的认证及反馈过程。

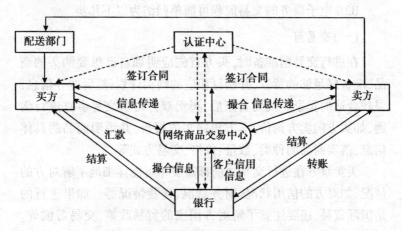

图 2-3 网络商品中介交易的交易流程

四、B2B 电子商务的收益模式

一般而言,B2B 电子商务网站的收益模式主要有以下 3 种。

(一)收取会员费

企业通过 B2B 电子商务平台参与电子商务交易的前提是注册成为该网站的会员,而会员需要每年缴纳一定的会员费,才能享受网站提供的各种服务。目前,会员费已成为我国 B2B 电子商务网站最主要的收入来源。

(二)收取广告费

网络广告是门户网站的主要赢利点,也是 B2B 电子商务网站的主要收入来源。一般,B2B 网站会有弹出广告、漂浮广告、Banner 广告、文字广告等多种表现形式供用户选择。

(三)收取竞价排名费

竞价排名是近几年广泛应用的推广模式。企业为了促进产品的销售,都希望在 B2B 电子商务网站的信息搜索中排名靠前。为了满足企业的这种需求,一些 B2B 电子商务网站推出了竞价排名的服务方法,在确保信息准确的基础上,根据会员交费的不同对其排名顺序进行相应调整。例如,阿里巴巴的竞价排名是诚信通会员专享的服务,当买家在阿里巴巴搜索供应信息时,竞价企业的信息将会排在搜索结果的前几位。

除了上面提到的 3 种常规收益模式外,信息化技术服务费、代理产品销售费、交易佣金费、展览或活动费等也逐步成为 B2B 电子商务网站的收益渠道。这些服务多为增值性的,能为网站拓展更多的收益来源,进而促进网站和会员达到双赢。

第四节　C2C 电子商务模式

一、我国 C2C 电子商务模式的发展历程

世界上最早的 C2C 网站是由皮埃尔·奥米迪亚(Pierre Omidyar)于 1995 年创办的 eBay 网站。1999 年,易趣网正式开通,成了中国最早的 C2C 网络交易平台。成立之初,易趣网很快占据了我国 C2C 市场的半壁江山。2002 年,eBay 与易趣结盟,成立了 eBay 易趣,强强联手,希望一举打入中国市场。但就在 2003 年,阿里巴巴推出了淘宝网,打破了 eBay 易趣一家独大的局面。在强大的母公司——阿里巴巴的支持下,淘宝网从创建伊始就推出了免费政策,即在淘宝网上注册开店不需要支付任何费用。在淘宝网的强大压力下,eBay 易趣于 2006 年与 TOM 在线进行合资,形成了如今的易趣网。

2005 年,腾讯公司推出拍拍网,并于 2006 年 3 月正式运营。2008 年,百度推出的电子商务网站——百度"有啊"正式上线。2002 年,我国网络购物总额只占全国消费品销售总额

0.04%的比重,而到2006年,这一比重已经达到0.41%,增长了10倍多。现在我国的C2C电子商务平台已经形成了淘宝网、拍拍网、易趣网三足鼎立的局面。

二、C2C电子商务模式的分类

C2C电子商务模式主要分为拍卖模式和店铺模式两种。其中,拍卖模式主要是指电子商务企业为买卖双方提供一个网络拍卖平台,按比例收取交易费用的模式。

网络拍卖是利用网络进行在线交易的一种新模式,它可以让商品所有者或某些权益所有人在其平台上独立开展以竞价、议价方式为主的在线交易模式。目前网络拍卖主体的形式有拍卖公司、网络公司以及拍卖公司和网络公司或其他公司联合形成的主体。其中较为常见的是网络公司,我国主要以易趣网、淘宝网为代表。

店铺模式主要是指电子商务企业为个人提供开设网上商店的平台,以收取会员费、广告费或其他服务收费来获取利润的模式。

开设网上商店是现在较为常见的创业方式。用户只需要了解目标网上商城的入驻条件、竞争力、基本功能和服务等情况,就可以开设网店了。虽然入门门槛不高,但要建设和经营好一家网上商店则需要用户积累丰富的经验并投入大量的精力。

三、C2C电子商务模式的交易流程

C2C电子商务模式的基本交易流程如图2-4所示。

四、C2C电子商务的收益模式

目前,C2C电子商务网站的收益模式主要有以下几种。

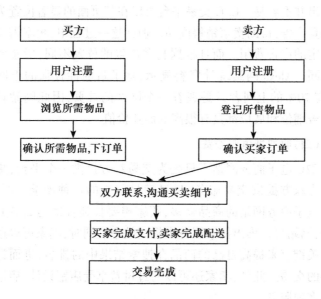

图2-4　C2C电子商务模式的基本交易流程

(一)收取产品展示费

卖家想在C2C交易平台上展示其商品,需要向该交易平台支付一定的费用。如果卖家想对商品进行修饰,如添加商品照片、运用特殊字体等,还要另外缴费。

(二)收取交易服务费

如果卖家在C2C交易平台上交易成功,则必须按销售价格的一定比例付费给交易平台,通常这个比例根据产品的价格上下浮动。例如,在eBay上,25美元以下的交易要缴纳5%的交易服务费,25~1 000美元要缴纳2.5%的交易服务费,1 000美元以上要缴纳1.25%的交易服务费。

(三)收取广告费

C2C交易平台拥有大量用户,卖家要想在众多竞争者中脱颖而出并不容易。C2C 交易平台可以在其页面的显著位置为卖家刊登广告,帮助卖家销售商品。但在这一过程中,卖家需要缴纳一定的广告费用。而且根据刊登广告的位置不同,所缴费用也不同。Alexa 网站统计资料显示,除了目的性较强的上网者外,有 70% 的上网者只是观看一个网站的首页,因此网站首页的广告铺位和展位都具有很高的商业价值。

(四)收取增值服务费

C2C 电子商务网站不只是为交易双方提供一个平台,更多的是为双方提供交易服务,尽量满足用户的各种需求。例如,C2C 电子商务网站的商品众多,买家想要找到合适的商品并不容易,网站可以推出搜索服务来提高效率。同时,卖家可以通过购买关键字来提高自己的商品在搜索结果中的排名,进而达成更多的交易。此外,卖家还可以通过付费享受店铺设计、店铺推广等多项服务。

第五节　G2B 电子商务模式简介

G2B 模式即政府与企业之间通过网络进行交易活动的运作模式,如电子报税、电子通关、电子采购等。

G2B 模式比较典型的例子是政府网上采购。政府往往通过这种模式在网上进行产品或服务的采购和招标。G2B 模式操作相对透明,不仅能有效降低采购成本,还有利于找到更加合适的供货商。

G2B 模式的推广让需求商对供应商的选择扩展到全世界的范围,双方能够得到更多的产品和需求信息,供应商也能通过网络获得更多的投标机会。

一、G2C 电子商务模式简介

G2C 模式是指个人消费者与政府部门之间的电子商务。其中的"C"可以理解为 consumer，也可理解为 citizen。政府可通过 G2C 网站向公民提供各种服务。

目前我国 G2C 模式的网站主要由政府主导，但一般并不限于 G2C 一种功能。例如，南京市政务大厅不仅有对企业的业务处理，也有对个人的业务处理。

二、G2G 电子商务模式简介

G2G 模式，即政府对政府的电子商务模式。这种模式既包括上下级政府、不同地方政府之间的电子商务活动，也包括不同政府部门之间的电子商务活动。

G2G 模式是电子政务的基本模式之一，具体实现方式有政府内部网络办公系统、电子法规、政策系统、电子公文系统、电子司法档案系统、电子财政管理系统、电子培训系统、垂直网络化管理系统、横向网络协调管理系统、网络业绩评价系统、城市网络管理系统 11 个方面。简言之，传统的政府与政府间的大部分政务活动都可以通过网络技术的应用高速度、高效率、低成本地实现。

三、ASP 电子商务模式简介

ASP 模式，即信息化应用服务提供商运作模式，是指由电信网络作为中介，牵头组织多家拥有优质产品和丰富行业经验的上下游企业参与运作，通过整合电信基础业务产品与电信增值业务产品，为中小企业的信息化提供优质的企业信息化解决方案和服务。

ASP 模式的优势在于可以充分利用各方的比较优势，为供应商提供更多机会,为客户提供价格低廉、稳定可靠、多样化的电子商务产品,从而实现双赢甚至多赢局面。

四、P2P 电子商务模式简介

P2P 是 peer to peer 的缩写,可以理解为"伙伴对伙伴"的意思,即对等联网。P2P 模式的优势是可以直接将人们联系起来,让人们通过互联网直接交互。这种模式消除了中间商的环节,使买卖双方的沟通变得更加容易和直接。

五、X2X 电子商务模式简介

X2X 是 exchange to exchange 的缩写,可理解为"交易到交易"模式,它是在网上电子交易市场的不断增加,导致不同的交易市场之间也需要实时动态传递和共享信息的情况下产生的,是 B2B 电子商务模式的一次深入发展。

第六节　农产品电子商务平台构建

一、农产品电子商务平台构建的概述

建平台本质是围绕行业打造自身的运营平台,构建全产业链的生态圈。相比卖货、聚粉模式,建平台对于企业的资源和资金的要求较高,但同时建平台带给企业的价值更大,一般来说,构建平台通常能给企业带来 10 倍企业的价值。因为与企业传统经营方式相比,建平台的商业模式和盈利模式发生了根本变化,比如有可能由原来的产业链某一环节参与者变成了全产业链的服务提供商,甚至改变原有行业交易规则。另外,建平台可以帮助企业构筑更高更强的竞争壁垒,一定程度上在行业内形成垄断而不是与众多竞争者开展无序竞争。

二、建立农产品电子商务平台的关键措施

农业作为互联网领域最后一片蓝海,国内农业互联网平台仍处于探索期,且主要是针对农业全产业链的流通环节比较多,对于农资农机、种植、加工等产业链上游环节的触碰较少,一方面是因为建平台本身对于企业的资源和能力要求较高,另一方面农业产业链环节较多,涉及农户、加工、物流、代理等多方利益难以协调。虽然构建农业电商平台存在较大挑战,但同时也意味着发展机遇。对于想要构建农业电商平台企业来说,差异化是建平台的核心所在,包括用户细分、产品差异化、模式差异化等。主要是通过对市场和用户细分,找到空白市场需求,一方面避免与现有平台的正面竞争,一方面形成自己平台的独特品牌,打造出自身核心竞争力。中粮我买网在淘宝、天猫、京东三分天下之时,从食品类目切入成为今天国内最安全的食品综合电商平台,其"安全"就是我买网与其他综合平台和食品电商平台最大的差异化。在食品电商领域,沱沱工社的切入点是绿色健康的有机食品市场,围绕"有机"这个核心沱沱工社在上游自建农场、布局冷链物流体系等,从而将沱沱工社打造成国内最大的有机食品电商平台,"有机"成为沱沱工社最大的差异化优势,同时也让用户对其有机品牌形成鲜明的认知。所以说建平台的核心关键就是构建差异化商业模式!

构建平台差异化商业模式可以从以下4个维度考虑。

(一)从供应链入手

通过对供应链信息流、商品流、资金流、物流的掌控,为用户提供极致产品和服务体验,同时降低整体运营成本提高管理效率,从而为企业获取更多的利润空间。对于农业来说,就是要不仅从源头控制产品的质量,而且对流通全过程进行质量管控,缩减中间流通环节,直接将原产地产品配送到用户手中,一方面提

高原产地的收入，一方面为消费者提供新鲜自然的产品，通过供应链的有效管理提升平台收益，达到三方共赢的效果将是农业电商平台的发展方向。我买网、沱沱工社、顺丰优选、京东等平台都在打造自己的供应链系统，以期构筑强大的竞争壁垒。

（二）从服务入手

不仅是便捷友好的线上服务，更重要的是布局线下服务网点，实现线上线下一体化的营销服务网络布局。在农业领域，互联网普及率相对较低，大部分农民朋友对于互联网认识不是很深入，仍然习惯于线下采买种子化肥种苗以及通过田间地头将农作物贩卖给中间商，线上购买以及线上发布产品信息的习惯有待培养，这就需要互联网平台承担起中间的服务职能，比如在乡镇设置服务网点，由专职人员在线下辅导农民朋友使用手机发布产品信息或进行农资产品的采买。对于线上批发存在信任问题，那么就需要平台提供质检和质保的服务，保障供应商和采购商双方利益均有保障。比如1亩田就是通过线下对供应商进行实地考察和检验，对供应商进行信任评级，以便于采购方根据信任评级进行采买，如有问题一切责任由1亩田平台承担，1亩田为此做出了7天退换货的承诺！这就是典型的以服务为核心的平台模式。当然服务的平台模式对于运营能力和线下资源均有要求。

（三）从产业B2B入手

也就是说平台是为两端的企业服务，而不是针对大众个体服务的平台。比如万庄农资就是为原材料供应商和采购商提供服务的平台，通过平台的撮合交易掌握信息流和资金流，平台并不触碰任何商品，而是提供增值服务包括小额借贷、融资、理财以及物流配送服务，从而实现盈利。产业B2B具体为哪两端服务呢？易观认为产业B2B更确切的说法应该是F2R——Factory to Retailer，也就是直接从工厂到零售终端高效对接的新型商业模式。因为从目前消费者的消费习惯和消费数据来看,88%的商品仍然是通过零售终端实现销售的。所以即便是,对于直接跟消费者接触的 R 端仍然是不可替代的,尤其是在四线、无线城市及农村市场。直接将生产厂商誉零售商直接对接起来,对于农业产业链来说也是缩减了至少 2~3 个环节,某种意义上也极大提高了产业链的效率。对于 F2R 模式重要要解决的就是环节过多,零售终端价格过高问题,以及竞争激励和假货泛滥的问题。易观认为在农业领域非常需要构建一个厂商、零售商以及消费者相互对接的平台,使产品从厂商到零售商到消费者的通路更为顺畅。

(四)区域化

对于淘宝、天猫、京东这类综合型电商平台,他们所服务的范围并不能覆盖所有城市尤其是交通不便利偏远山区和农村市场,即便覆盖到了在服务质量尤其是物流配送无法跟一二线城市相比,那么这就是区域电商平台的机遇和优势所在。尤其是生鲜水产类目的产品,其本身的易损耗不耐存储难运输的特点限制了大规模的发展,即便是本来生活、沱沱工社、天猫瞄鲜生对于生鲜食品的配送范围也是有一定的限制的,北京、上海、广州这类一线城市有很多的生鲜电商服务平台,但是对于其他的二三线城市则很少。所以,这也是农业电商平台可以考虑的一个方向,基于某个区域打造以农业电商为核心的平台,不仅拉动区域农业经济发展还能带动人员就业以其他电商配套第三服务产业的发展比如物流、仓储、加工厂商等。

建平台虽然面临诸多挑战,但同时对于传统企业来说也是转型升级的大好机遇,平台多带来的价值也是倍增的。除了商业模式,企业在建平台时还需要关注组织和团队层面的建设和发展,尤其对于有线下业务的传统企业来说,设置电商公司组织结构一定要与传统企业有所区别,互联网公司组织结构更为灵活和扁平化,一切以市场和用户为导向。对于团队的管理和激励也要从互联网角度出发,业绩并不是考核的唯一指标,更是要符合平台未来长远的战略发展目标。

第七节 农业网站平台

天猫、京东、拍拍网、聚划算等综合类电商平台"务农",则和菜管家、沱沱工社官网等不同。这类电商一般只提供电商平台,不涉及供应、仓储、冷链、物流、配送等环节。这些属于电子商务服务,利润与交易量成正比,平台基本上只赚不赔。

一、淘宝网

(一)阿里涉农平台

根据阿里研究院发布的《农产品电子商务白皮书》显示,阿里平台上经营农产品的卖家数量为 39.4 万个。其中,淘宝网(含天猫)卖家为 37.79 万个,而在阿里巴巴 B2B 平台,经营农产品的中国供应商和诚信通账号约为 1.6 万个。

从农产品销售的类目上来看,淘宝网(含天猫)平台上,零食坚果特产类目为最大农产品类目,占比 35.19%,其次为茶、咖啡、冲饮和传统滋补营养品类目。而从增长趋势来看,相关生鲜类目(水产肉类/蔬果/熟食)依然保持了最快增长率,同比增长 194.58%。

生鲜农产品之所以迎来高速增长,主要原因包括:越来越多的消费者开始尝试并接受在网上购买生鲜农产品。国内各大电子商务平台均将生鲜农产品作为发展重点,以及冷链物流、仓储等基础设施有所改善等。

(二)阿里的"喵鲜生"

天猫预售,起源于 2012 年的"双 11",是天猫第一次创新的

C2B 尝试。2013 年,天猫预售推出过新西兰奇异果、美国西北车厘子、千岛湖大鱼头、阿拉斯加海鲜、泰国榴莲等产品。"双 11"后,天猫预售转为后台运营产品,而在前台正式更名为"喵鲜生",定位于提供品质、专业、超值的厨房类生鲜食材及服务。喵鲜生最初的切入口是"进口"生鲜,主要是考虑到国内很多生鲜产品并未实现标准化。除了"生",还有"鲜",喵鲜生频道之后还会进行产品延展,即鲜奶、鲜啤等。阿里推出"喵鲜生"是瞄准了生鲜市场,以下原因促使包括阿里的众多综合电商中介服务商投入生鲜市场的竞争行列:首先是用户正在成熟。互联网用户群体由个人向家庭发展,后者有稳定的收入,对于健康、有品质、品牌化、有服务保障的食材有极大的需求。其次是家庭用户对于食品的需求,由客厅、餐厅进而向厨房甚至冰箱发展。冰箱食材,需要投入巨大的冷链作为支撑,普通商家很难做到这一点。而阿里作为聚集了最大的互联网消费群体的平台方,最有优势聚合订单,同时可以借助菜鸟物流平台的优势,整合物流资源,承担起冷链基础建设的任务,帮助生鲜电商解决运输的问题。最后,预售这种商业模式能够非常可观地降低生鲜行业的供应链成本。

生鲜领域的特殊性在于产品的物流损耗较大,这需要非常强的买手经验,预估销售情况来确定采购量,以此减少物流和滞销可能所带来的损耗。但预售模式恰好是反其道而行之,商家提前拿到批量订单,再根据订单数额进货。这样便能够避免因为多进货而造成的损耗,供应链成本也因此会相对降低。根据喵鲜生的数据,生鲜类商家使用线上预售模式之后,损耗最多能够降低 50%,因为他们通过预售还减少了资金压力和库存风险。减去中间环节的损耗,以及原本线下的一些成本,比如场地租金、分销费用、营销费用后,厂家直接供货给消费者,大大降低了市场价与出厂价的差价。预售模式对上下游的衔接改造非常直接,且恰恰很符合生鲜这个品类的特性。阿里的物流配送体系是通过其旗下物流公司"菜鸟"来实现的,确切地说是菜鸟的冷链物流,目前是整合模式,已经整合类似众萃物流+快行线这两件优秀的冷链物流企业,他们从干支线+末端宅配相融合,成功将8万单车厘子从美国农场送到中国家庭,把阿拉斯加海产送到全国40多个城市,这种整合式的"二段式配送"探索出新的平台化、网络化的农产品B2C冷链物流新趋势。

二、京东商城

(一)京东商城的生鲜频道

2012年7月18日京东商城正式宣布推出生鲜食品频道,成为继顺丰优选后网售生鲜食品的B2C平台。该频道展出的商品包括水果、蔬菜、海鲜水产、禽蛋、鲜肉、加工类肉食等。频道上线首日便推出了水蜜桃、牛肋条的限时抢购,以及部分进口水货的降价活动。顺丰优选先于京东商城进军生鲜市场,还专门为生鲜食品搭建了冷冻冷藏仓、恒温恒湿库房并实行全程冷链配送。从仓库到顾客家里,商品暴露在常温中的时间须控制在10分钟以内。京东商城上线生鲜频道,物流方面是软肋。此外,对于还没有网购生鲜习惯的国内消费市场来说,建立顾客信任、转变顾客消费习惯也是运营生鲜食品电商的前提。京东商城于2014年启动了末端配送服务站模式并开始尝试从田间直达餐桌的"ABC"(Agricultural to Business to Customer)模式,12月14日京东商城自营生鲜配送站已试运行,这种模式刚好迎合O2O的末端最后一公里的购物体验;其中的B环节将覆盖全部采购、仓储、配送、营销售后环节;但京东商城的冷链仓储、干线、支线配送等方面还有待整合,只能拭目以待。

(二)京东商城商家开放平台

京东商城商家开放平台(POP)业务于2010年10月全面

上线,旨在深入挖掘京东供应链价值和潜力,开放平台已吸引了近3万家优质商家入驻,产品涉及服装鞋帽、首饰个护、运动健康、母婴玩具、食品酒饮、家具家装、汽车用品及虚拟产品等。此外,还开通了商品海外直邮,满足消费者对海外商品的需求。

三、支农宝

支农宝是一款符合国家顶层设计的农业 APP,它能提供农民产前、产中、产后的全程服务,支农宝是互联网＋农业＋通讯专属网络平台。该平台是建立在手机客户端上的 APP,新型职业农民只需要通过一部智能手机下载使用支农宝软件,便可解决自己生产、生活、技术、资金等方面的各类问题,是各级农广校、新型职业农民、企业之间沟通的有效载体。

该 APP 全面打造一个农业平台,不仅贯彻了互联网＋农业的政策,也从根本上解决了关于农业的几个弊端,为农业的发展做了贡献,为农民迈向小康之路提供了便利。

四、赶集网

在互联网＋时代,除了传统招聘渠道,赶集等新招聘平台正在崛起,QQ、微博、微信等各类社交媒体也成为求职和招聘信息的"集散地"。《赶集网2015互联网＋时代,就业主力军现状调查》报告,90.5%的企业会通过网络招聘,也就是说,从找工作开始,就业主力军已经开始和互联网息息相关。以赶集网为例,其在线招聘业务总简历量近有2亿份,招聘高峰期时活跃简历量近1.5亿份;月访问量超3亿人次,80%来自移动端。

在互联网时代,创业的门槛被大大降低,你可以不用办公室、房租,只要有想法,仅仅只需通过互联网,联系四五个合作伙伴,便可开始你的创业之路。

全民创业加互联网＋,工作机会越来越多,近半数90后就业群体对第1份工作预期的工作期限在1年以内,近半数在目前岗位不足1年,社会就业主力军流动性加大,越来越短工化。

模块三 农产品电子商务支付

第一节 网上支付概述

一、网上支付的概念与特征

所谓网上支付,是以计算机和通信技术为手段,通过计算机网络系统以电子信息传递方式实现的货币支付与资金流通。与传统的支付方式相比较,网上支付具有以下 4 个特征。

(1)网上支付采用了先进的信息技术,通过数字流转完成信息的传输,采用数字化的方式来进行资金结算;而传统的支付方式则通过现金的流转、票据的转让及银行的汇兑等物理实体的流转来完成资金结算。

(2)网上支付的工作环境是一个开放系统平台(即互联网);而传统支付环境则是一个比较封闭的系统。

(3)网上支付使用的是最先进的通信手段,如 Internet、Extranet,而且对软、硬件设施的要求很高;传统支付使用的是传统的通信媒介。

(4)用户进行网上支付时只要有一台可以上网的计算机就可以在很短的时间内完成整个支付过程,因此网上支付具有方便、快捷高效和经济的优势,它的支付费用与传统支付费用相比要低得多。

由于网上支付具有以上优势,受到商家与消费者的欢迎。

使得这种新型、快捷、安全、方便的支付方式得到快速发展。

二、网上支付的流程

作为商业活动来说,无论何时都会有一定的时间执行顺序,这就有了各样的流程。网上支付流程因采取的支付方式不同会有很大的区别。不过,常见的网上支付通常都包括以下步骤。(图 3 – 1)

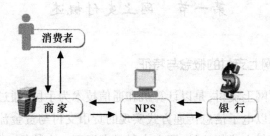

图 3 – 1 网上支付流程

(1)消费者通过互联网浏览选定所需购买的商品,填写定单。

(2)商家接到消费者的相关信息后向 NPS(支付系统)发出请求,调查客户的信用。

(3)消费者通过商家向支付系统提出清算请求,由支付系统按照双方协议与客户账户所在银行进行清算,并且按商家要求转入商家指定的账户。

(4)支付系统向客户和商家发出结算信息。

三、网上支付的优缺点

1. 网上支付模式的优点

(1)安全性较高,经过数字签名处理的支付命令一般无法被未经授权的第三方破解。

（2）方便快捷，直接利用银行网络进行支付，所以支付指令立即生效，收款人立即可以得到收款确认。

（3）架构简单，适合小额度支付。

（4）付款人无需告诉收款人汇出账户的信息，可防止卡号、密码等泄露。

2. 网上支付模式的缺点

（1）付款人需要申请个人认证，并下载安装证书、软件，这些烦琐的步骤难以被小额支付中的个人支付者接受。

（2）付款人在发出付款指示后会立即生效，如有任何操作错误都难以挽回，虽然有记录可以追踪证明，但追讨程序及过程可能繁杂不易。

（3）一旦款项进入收款人账户，即使交易失败，款项转移仍合法完成，难以追回。

（4）在线转账模式中，付款人身份无需被验证。电子商务中交易双方经常是完全陌生的，付款人无法确认收款人的身份，因此也无法确定收款人收款后是否会履行其义务。因此，在线转账支付模式更加适合应用于付款人事先能够明确收款人身份的场合，如交纳公共事业费用、住房贷款、学费等。

由于计算机和通信技术的高速发展，网上支付也成为了电子商务发展的核心，而网上支付的工具也越来越多起来。网上支付的工具一般可以分为三大类：一是电子货币类，比如电子现金、电子钱包等；二是电子信用卡类，比如智能卡、信用卡、借记卡、电话卡等；三是电子支票，如电子支票、电子转账（EFT）和电子划款等等。这些支付工具各有特点和运作流程，分别适用不同的支付过程。

第二节　电子现金的网上支付方式

一、电子现金的概述

(一)电子现金的概念

电子现金(e - Cash)又称为电子现金或数字现金,是一种表示现金的加密序列数,它可以用来表示现实中各种金额的币值。要使用电子货币,用户只需在开办电子货币业务的银行开设账户并在账户内存钱,在用户相应的账户内就生成了具体的数字现金,用户就可以在承认数字现金的商店购物。

随着纸张经济向数字经济的转变,电子现金在未来的生活中将成为主流。电子现金带来了纸币在安全和隐私性方面所没有的便利。电子现金的丰富性则开辟了一个全新的市场和更广泛的应用范围。电子现金正在尝试取代纸币成为网上支付的主要手段之一。电子现金具有现金的属性,所以,它已成为网上支付的一种工具。

(二)电子现金的特点

电子现金同时拥有现金和电子化两者的特点,主要表现在以下几个方面。

1. 货币价值

电子现金是由一定的现金和银行认可的支票支撑的,与现实生活中的货币一样具有支付的功能。若失去了银行的支持,电子现金就会有一定的风险,可能存在支持资金不足的问题。

2. 兼容性

由于电子现金可以由不同的银行来生成,当电子现金在一家银行产生并被另一家银行所接受时,不能存在任何不兼容性问题。作为一种结算方式,电子现金可以与其他纸币现金、商品或服务、银行账户的存款、支票或负债等进行交换。对于使用不同国家的银行所发行的电子现金的用户,相互之间也可以进行交换。

3. 匿名性

和纸币现金相同,电子货币不能跟踪持有者的信息。因为,在交易活动中,货币没有任何标记能证明曾经或当前的归属。虽然确保了交易的保密性,也能维护交易双方的隐私权,但是如果电子货币丢失了,就像纸币一样无法追回。

4. 安全性

由于具有相应的密码保护和认证环节,电子货币不仅能够安全地存储在用户的计算机或 IC 卡中,还可以方便地在网络上传输。

电子现金具有明显的优势,随着网络的用户数不断增加,电子现金的使用人数也越来越多。

二、电子现金支付流程

电子现金支付的流程(图 3 – 2)

(1)预备工作。首先付款人、收款人(商家)、发行者要在认证中心申请数字证书,安装专用软件。其次付款人要在发行者处开设电子现金账号,并存入一定数量的资金(例如使用银行转账或信用卡支付方式),然后利用客户端软件兑换成一定数量的电子现金。收款人也要在电子现金发行者处注册,并与收单行签署协议,以便日后兑换电子现金。

(2)付款人与收款人达成购销协议,付款人验证收款人身份并确定对方能够接受相应的电子现金支付。

(3)付款人将订单与电子现金进行加密后一起发给收款人。

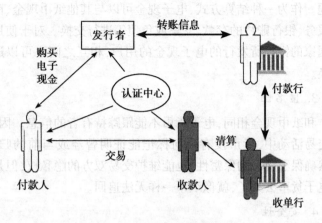

图3-2 电子现金支付模式

(4)收款人收到电子现金后,可以要求发行者兑换成实体现金。发行者通过银行转账的方式将实体资金转到收单行,收款人与收单行清算。

第三节 银行卡的网上支付方式

一、银行卡的概述

目前应用最广泛的电子支付方式是银行卡支付,即在 Internet 环境下,借助 SET 协议或 SSL 协议,通过浏览器来直接进行支付的一种方式,也是金融服务的常见方式。银行卡按其性质分类可分为:借记卡、贷记卡、复合卡和现金卡。

在借记卡、贷记卡和复合卡这三种银行卡中,只存储了持卡人的账号信息,在银行的数据库中储存了持卡人的银行存款数及消费记录等数据,所以商城的特约商户必须和银行联网。当持卡人在特约商城刷卡消费时,就可以通过网络把银行卡的账号信息传到发卡行,再由发卡行将相应货款从持卡人的账户转到商家账户。

而现金卡不同于上述三种银行卡,现金卡存储了持卡人的账号信息和持卡人卡内的现金数量。当持卡人用现金卡消费时,商家就直接将消费金额扣除,整个支付过程无须银行的参与。现金卡可以由银行发行也可以有商业机构发行,卡内存储的是电子现金。现金卡可以分为预付卡和电子钱包卡两种。比如电话卡、上网卡就是预付卡,一般的 IC 卡就是一种典型的电子钱包卡。

二、银行卡网上支付结算流程

现在银行卡的支付方式主要有 4 种方式:无安全措施的银行卡支付、通过第三方代理人的支付、简单银行卡加密支付和安全电子交易 SET 银行卡支付。现在占主流地位的是基于 SSL 协议机制的银行卡网上支付方式,其应用比较简单,安全性能好。各家发行银行卡的银行均可在银行的营业网点为已有的账户办理可以用于网上购物的银行卡。在网上申请银行卡付款业务的操作流程和规定,各家银行大同小异。

第四节 第三方支付

一、第三方支付的概念

第三方支付通常是指一些和国内外各大银行签约、并具备一定实力和信誉保障的第三方独立机构提供的交易支持平台。它通过与银行的商业合作,以银行的支付结算功能为基础,向使用者提供中立的、公正的面向其用户的个性化支付结算与增值服务。从本质上讲,第三方支付具有第三方信用担保服务的属性。第三方支付具有的特点:第一,第三方支付平台提供一系列的应用接口程序,将多种银行卡支付方式整合到一个界面上,负责交易结算中与银行的对接,使网上购物更加快捷、便利。消费者和商家不需要在不同的银行开设不同的账户,可以帮助消费者降低网上购物的成本,帮助商家降低运营成本;同时,还可以帮助银行节省网关开发费用,并为银行带来一定的潜在利润。第二,第三方支付平台使商家和客户之间的交涉由第三方来完成,让网上交易变得更加简单。第三,第三方支付平台通常依附于大型的门户网站,且以与其合作的银行的信用作为信用依托,因此第三方支付平台能够较好地突破网上交易中的信用问题,有利于推动电子商务的快速发展。

在第三方支付交易流程中,支付模式使商家看不到客户的信用卡信息,同时又避免了信用卡信息在网络上多次公开传输而导致信用卡信息被窃。以消费者在网络购物平台进行的 B2C 交易为例,其支付流程如图 3 - 3 所示。

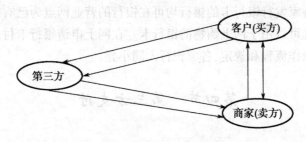

图 3 - 3　第三方支付交易流程

第一步,客户在电子商务网站上选购商品,最后决定购买,买卖双方在网上达成交易意向。

第二步,客户选择利用第三方作为交易中介,客户用信用卡将货款划到第三方账户。

第三步,第三方支付平台将客户已经付款的消息通知商家,并要求商家在规定时间内发货。

第四步,商家收到通知后按照订单发货。

第五步,客户收到货物并验证后通知第三方。

第六步,第三方将其账户上的货款划入商家账户中,交易完成。

二、电子支付工具类型

(一)支付宝

支付宝是全球领先的第三方支付平台,成立于 2004 年 12 月,致力于为用户提供"简单、安全、快速"的支付解决方案。旗下有"支付宝"与"支付宝钱包"两个独立品牌。自 2014 年第二季度开始成为当前全球最大的移动支付厂商。支付宝主要提供支付及理财服务。包括网购担保交易、网络支付、转账、信用卡还款、手机充值、水电煤缴费、个人理财等多个领域。在进入移动支付领域后,为零售百货、电影院线、连锁商超和出租车等多个行业提供服务。还推出了余额宝等理财服务。支付宝与国内外 180 多家银行以及 VISA、MasterCard 国际组织等机构建立战略合作关系,成为金融机构在电子支付领域最为信任的合作伙伴。支付宝钱包是国内领先的移动支付平台,内置风靡全国的平民理财神器余额宝,还有还信用卡、转账、充话费、缴水电煤全部免费,有了钱包还能便宜打车、去便利店购物、售货机买饮料,更有众多精品公众账号为客户提供贴心服务。2013 年第二季度开始,支付宝手机支付活跃用户数超过了 Paypal,位居全球第一。2014 年 12 月 9 日,支付宝钱包开通了苹果手机的指纹支付功能,使用 iPhone 5S 及以上手机型号,操作系统在 IOS8 以上的用户在 App Store 中升级支付宝钱包至最新版后即可开通指纹支付功能。使用支付宝主要的好处是:货款先由支付宝保管,收货满意后才付钱给卖家,安全放心;不必跑银行汇款,网上在线支付,方便简单;付款成功后,卖家立刻发货,快速高效;交易手续费全免,经济实惠。

(二)微信支付

微信支付是由腾讯公司知名移动社交通讯软件微信及第三方支付平台财付通联合推出的移动支付创新产品,旨在为广大微信用户及商户提供更优质的支付服务,微信的支付和安全系统由腾讯财付通提供支持。财付通是腾讯公司于 2005 年 9 月正式推出的专业在线支付平台,其核心业务是帮助在互联网上进行交易的双方完成支付和收款。致力于为互联网用户和企业提供安全、便捷、专业的在线支付服务。财付通是持有互联网支付牌照并具备完备的安全体系的第三方支付平台。2014 年 9 月 26 日,腾讯公司发布的腾讯手机管家 5.1 版本为微信支付打造了"手机管家软件锁",在安全入口上独创了"微信支付加密"功能,大大提高微信支付的安全性。用户只需在微信中关联一张银行卡,并完成身份认证,即可将装有微信 App 的智能手机变成一个全能钱包,之后即可购买合作商户的商品及服务,用户在支付时只需在自己的智能手机上输入密码,无需任何刷卡步骤即可完成支付,整个过程简便流畅。微信支付支持以下银行发卡的贷记卡:深圳发展银行、宁波银行。此外,微信支付还支持以下银行的借记卡及信用卡:招商银行、建设银行、光大银行、中信银行、农业银行、广发银行、平安银行、兴业银行、民生银行。

(三)拉卡拉支付

拉卡拉成立于 2005 年,中国互联网金融及社区电商公司,借助互联网技术,以便民服务及支付为手段,为商户及其用户提供包括支付、生活、电商、信贷在内的互联网金融服务及电子商务服务。拉卡拉是联想控股旗下的高科技金融服务企业,是第一批获得央行颁发的全国性全品类支付牌照企业之一。服务内容包括便民金融服务、POS 收单服务、在线购买等。主要产品分商用型,包括收款宝、开店宝、手机收款宝等;自用型,包括拉卡拉手机刷卡器、拉卡拉MINI家用型刷卡机、拉卡拉充电宝、蓝牙手机刷卡器等。拉卡拉社区营业厅将整合拉卡拉所有的产品和服务优势以及庞大的渠道网点优势,为合作伙伴和社区居民用户提供全方位的社区电商和社区金融服务。深耕社区便民服务多年的拉卡拉,充分挖掘社区潜力,助力社区小微商户发展O2O服务,解决传统零售业成本高、效率低、信息不对称的问题,造就了新型电商模式的更迭,成就了拉卡拉社区电商。

模块四　农产品电子商务信息管理

第一节　农产品市场信息平台

一、农产品市场信息系统的概念

市场信息系统是依据特定的需求对市场信息进行收集、加工、分析并传播给特定用户的人机系统,市场信息系统的发展与信息处理技术的进步密切相关,现代化的技术设备是建立有效信息系统的物质基础。

市场信息系统处理的是与市场交换有关的一系列信息,目的是为经济参加者的管理和决策提供信息依据,因此,市场信息系统属于经济信息系统。

农产品市场信息系统是一个复合系统,它是自然系统、社会系统和经济系统相互交织的系统,构成元素量大而且元素间关系复杂。在设计及管理农产品市场信息系统时,应充分体现和反映系统对外部环境的适应性、系统整体目标的最大化、系统具有合理的层次和结构以及各子系统之间的协调运行等,作为一个系统应具备的基本要求和特性。

二、农产品市场信息管理系统框架

农产品市场信息管理系统是一套面向各类批发市场、商场、菜市场、各大卖场等日常事务管理的大型系统软件,具有席位管理、物资管理、客商管理、合同管理及收费管理等功能。此系统可以简化日常管理工作,提供关键数据如单价、收费信息更新的跟踪,从而使管理更加科学、有条理。

系统功能包括:系统管理(市场信息设置、区域类别及席位设置、其他租赁合同、水电及其他费用、字典设置、关键数据修改记录、部门及员工设置、角色及权限设置、备份数据与恢复数据)、席位管理(席位租赁管理、席位状态查询、席位抄表、其他物品租赁管理、其他物品租赁查询)、客商管理(客商信息、客商抽检、客商奖罚)、合同管理(席位租赁合同管理、席位租赁合同查询、其他租赁合同管理、其他租赁合同查询)、收费管理(收取席位押金、收取其他租赁品押金、席位收费、其他租赁费用、水电收费、逾期欠费提示、席位退费处理、其他退费处理)、统计查询(席位出租率汇总、席位租金收费统计、其他租赁收费统计、水电及其他费用收费统计、水电及其他费用分类统计、出租期限查询、市场各部商位出租率汇总),另外,还有查看工具栏、导航条,帮助建农档,同时,提供强大的修改、查询、统计、报表输出、报表保护、收费票据的精确打印等功能。

第二节　农产品溯源信息平台

一、农产品溯源系统的含义

"农产品质量安全追溯系统"是一个能够连接生产、检验、监管和消费各个环节,让消费者了解符合卫生安全的生产和流通过程,提高消费者放心程度的信息管理系统。该系统提供了"从农田到餐桌"的追溯模式,提取了生产、加工、流通、消费等供应链环节消费者关心的公共追溯要素,建立了农产品安全信息数据库,一旦发现问题,能够根据溯源进行有效的控制和召回,从源头上保障消费者的合法权益。

二、农产品溯源系统的构成

(一)RFID信息技术采集

农产品追溯管理系统将利用RFID先进的技术并依托网络技术及数据库技术,实现信息融合、查询、监控,为每一个生产阶段以及分销到最终消费领域的过程中提供针对每件货品安全性、农产品成分来源及库存控制的合理决策,实现农产品安全预警机制。RFID技术贯穿于农产品安全始终,包括生产、加工、流通、消费各环节,全过程严格控制,建立了一个完整的产业链的农产品安全控制体系,形成各类农产品企业生产销售的闭环生产,以保证向社会提供优质的放心农产品,并可确保供应链的高质量数据交流,让农产品行业彻底实施农产品的源头追踪以及在农产品供应链中提供完全透明度的能力。

(二)WSN物联网技术

就是由部署在监测区域内大量的廉价微型传感器节点组成,通过无线通信方式形成的一个多跳的自组织的网络系统,其目的是协作地感知、采集和处理网络覆盖区域中被感知对象的信息,并发送给观察者。传感器、感知对象和观察者构成了无线传感器网络的3个要素。而构成WSN网络的重要技术,Zigbee技术以低复杂度、自组织、低功耗、低数据速率、低成本的优势,逐渐被市场所接受。

(三)Zigbee无线技术

具有远距离传输特性,顺舟科技采用加强型的Zigbee技术,推出的Zigbee无线数传模块,符合工业标准应用的无线数据通信技术,它具有安装尺寸小、通信距离远、抗干扰能力强、组网灵活等优点和特性;可实现多设备间的数据透明传输;可组

MESH 型的网状网络结构,在农产品溯源体系中主要是实现对相关数据的传输与信息交互。

(四)EPC 全球产品电子代码体系

全称是 Electronic Product Code,中文称为产品电子代码。EPC 的载体是 RFID 电子标签,并借助互联网来实现信息的传递。EPC 旨在为每件单品建立全球的、开放的标志标准,实现全球范围内对单件产品的跟踪与追溯,从而有效提高供应链管理水平、降低物流成本。EPC 是一个完整的、复杂的综合的系统。农产品溯源系统将结合 EPC 技术,把所有的流通环节(包括生产、运输、零售)统一起来,组成一个开放的、可查询的 EPC 物联网,从而大大提高对农产品的追溯。

(五)物流跟踪定位技术(GIS/GPS)

要做到农产品追溯,就要贯穿整个农产品的过程,包括生产、加工、流通和销售,全过程必须严格控制,这样才能形成一个完整的产业链的农产品安全控制体系,以保证向社会提供优质的放心农产品,并可确保供应链的高质量数据交流让农产品行业彻底实施农产品的源头追踪以及在农产品供应链中提供完全透明度的能力。因此,物流运输环节对于整个农产品的安全来说就显得异常重要。GIS(地理信息系统)和 GPS(全球卫星定位系统)技术的运用,正好解决了物流运输过程中的准确跟踪和实时定位的难题。GIS 是以地理空间数据为基础,采用地理模型分析方法,适时的提供多种空间和动态的地理信息,是一种为地理研究和地理决策服务的计算机技术系统。尤其是近些年,GIS 更以其强大的地理信息空间分析功能,在 GPS 及路径优化中发挥着越来越重要的作用。GPS(全球卫星定位系统)是一种利用地球同步卫星与地面接收装置组成的,可以实时进行计算当前目标装置(接收装置)的经纬度坐标,以实现定位功能的系统。现在越来越多的物流系统采用 GIS 与 GPS 结合,以确定运输车辆的运行状况。农产品溯源系统通过组建一张运输定位系统,可以有效地对农产品进行监控与定位。

第三节 农产品物流信息平台

一、农产品物流信息系统的含义

农产品物流信息系统是在保证订货、进货、库存、出货、配送等信息通畅的基础上,使通信据点、通信线路、通信手段网络化,提高鲜活农产品物流作业系统的效率。

农产品物流信息系统在基本面上与一般的信息系统没有太大的区别。

二、农产品物流信息系统的功能分类

(一)接受订单和出库系统

(1)订单受理。从客户那里接收订货信息,作为订货进行数据记录的业务成为订货登记。订货登记业务从接收订货信息,对订货信息的完整程度、准确程度进行检查开设。接下来是对客户的相关制约条件进行检查,如货款交纳情况、信用情况等。在确定可以接受订货要求后,按照订单进行库存确认。接受订单处理业务完成后,必要情况下,要将订货请求书传给客户确认。订货登记的信息处理要在下一步的货物拣选、出库、配送等业务开始之前完成,这些具体的物流作业活动都要基于订货信息处理结果来完成。

(2)出库处理。根据全面处理的订货信息,首先制作货物拣选明细。利用计算机信息处理技术、自动拣选、半自动拣选的信息提示等手段可以提高货物拣选的效率与合理化程度。但是,当订货处理和货物拣选作业之间的时间有限时,难以实现自动化。如果出现库存不足、不能按照订货数量拣选的情况,要将缺货部门的信息告知客户,由客户决定是取消订货还是在下次到货时优先供货。对于拣选、按照客户类别备好货物的订货,应下达配送指示。送货时,一般要同时向客户提交装箱单、送货单和收货单等单据。

(3)送货结束后的处理业务。送货结束并经确认之后,要进行费用结算,发出费用结算单据。

(二)库存管理系统

建立库存管理系统是为了平衡销售需求和库存的数量,保证原材料的零部件储备以及制造活动顺利进行,并且以最少的数量满足需求,减少库存浪费和保管费用。库存管理包含两方面的含义:一是正确把握库存数量的"库存管理";二是按照准确的数量补充库存的"库存控制",称为补充订货。为了有效地进行库存管理,需要制定库存分配计划,在执行过程中,使保管的库存与计算机掌握的库存相一致。有订货发生,在订货处理时应进行库存核对,计算机内的库存数量随之减少;有入库发生,入库数据输入后计算机内的库存数量应增加。为了防止拣选作业、数据输入等环节出现差错,需要在作业后及时核对货架上的货物,发现误送的商品及时追踪,同时对计算机内的数据进行修正。为了简化作业,需定期对全部货物进行实物与计算机库存数据核对,即盘点。

建立与库存控制有关的信息系统的目的是防止出现库存不足,维持正常库存量,决定补充库存的数量。每一种商品都需要补充库存,如果采用手工作业效率低下,因此有必要利用信息系统支援。

(三)仓库管理系统

(1)仓库系统。为了实现仓库管理的合理化,提高仓库作业的效率,防止出现作业差错,仓库管理至关重要。仓库管理的有效办法是对保管位置和货架按照一定的方式标明牌号,根据牌号下达作业指示。在计算机控制的自动化立体仓库,没有货位的牌号标志是无法运作的。

(2)订货拣选系统。订货拣选系统分为全自动系统和半自动系统,全自动系统是从全自动流动货架将必要的商品移送到传送带的拣选系统;半自动系统是在计算机的辅助下实现高效率拣选的系统,如电子标签拣选系统等。

(四)配送管理信息系统

具有代表性的配送管理信息系统有固定时刻表系统和变动时刻表系统两种。

固定时刻表系统是根据日常业务的经验和客户要求的配送时间,事先按照不同方向类别、不同配送对象群类别,设定配送线路和配送时刻,并且安排车辆,根据当日的订货状况,还可以进行细微调整的配送组织方式。

变动时刻表系统是根据当日的配送客户群的商品总量,结合客户的配送时间要求和配送车辆状况,按照可以调配车辆的容积和车辆数量,由计算机选出成本最低的组合方式的系统。

(五)货物追踪系统

货物追踪系统是指在货物流动的范围内,可以对货物的状态实施监控的信息系统。物流业的货物追踪系统信息处理的原理是:在货物装车通过货物中转站时,读取货物单据上的条形码,单据上记载的条形码表示单据右上方的单据号码。这样就可以清楚地知道所运货物通过什么地方、处于什么状态。当客户查询货物时,只要提供货单号码,就可以获知所运货物的有关动态信息。动态信息包括:货物已经启运、正在运输途中、正在配送途中、已经配送完了等。利用这个系统,对没有配送完的货物也可以及时把握,在防止配送延误方面也能起到重要作用。

（六）车源与货源衔接系统

在长距离大量货物运输的情况下，一般使用整车运输的方法。影响整车运输效率的主要问题是回程空载行驶，造成运输能力的浪费。由于网络没有形成，信息不通畅等原因，回程车辆空驶现象时有发生。解决回程空驶问题的办法一般有两个：一是货主利用回程车辆运输货物；二是车主寻找回程货物。

配载成功与否，关键在于信息是否充分以及能否及时获取信息。配载系统利用信息网络及时，为发布车源、货源和查找车源、货源提供了有效手段。有业务合作的企业之间，利用这个系统可以相互提供车源、货源，达到提高运输效率的目的。

模块五　移动电子商务

第一节　移动电子商务概述

一、移动电子商务的定义

移动电子商务(m-commerce),它由"电子商务"(e-commerce)的概念衍生而来。电子商务以 PC 机为主要界面,是"有线的电子商务";而移动电子商务,则是通过手机、PDA(个人数字助理,又称为掌上电脑)等无线设备和移动终端进行商务活动,其特点是可以随时随地进行,可以说,移动电子商务利用碎片化的时间给人们的生活带来了很多的方便。

二、移动电子商务的特点与优势

移动电子商务的特点具体如下。

(1)最大的特点是随时随地和基于用户情景的个性化服务。

(2)用户规模大。从计算机和移动电话的普及程度来看,移动手机用户远远超过了计算机用户。

(3)有较好的身份认证基础。对于传统电子商务而言,用户的消费信誉成为最大的问题,而移动电子商务手机号码具有唯一性,手机 SIM 卡上存储的用户就具有这一优势。

(4)通过移动定位技术,可以提供与位置相关的交易服务。

由于基于固定网的电子商务与移动电子商务拥有不同的特征,移动电子商务不可能完全替代传统电子商务,两者是相互补充、相辅相成的。移动通信所具有的灵活、便捷的特点,决定了移动电子商务应当定位于大众化的个人消费领域,应当提供大众化的商务应用。

三、移动电子商务应用

(一)银行业务

移动电子商务使用户能随时随地在网上安全地进行个人财务管理,进一步完善因特网银行体系。用户可以使用其移动终端核查其账户、支付账单、进行转账以及接收付款通知等。

(二)交易

移动电子商务具有即时性,因此非常适用于股票等交易应用。移动设备可用于接收实时财务新闻和信息,也可确认订单并安全地在线管理股票交易。

(三)订票

通过因特网预订机票、车票或入场券已经发展成为一项主要业务,其规模还在持续扩大。因特网有助于方便核查票证的有无,并进行购票和确认。移动电子商务使用户能在票价优惠或航班取消时立即得到通知,也可支付票费或在旅行途中临时更改航班或车次。借助移动设备,用户可以浏览电影剪辑、阅读评论,然后定购邻近电影院的电影票。

(四)购物

借助移动电子商务,用户能够通过其移动通信设备进行网上购物,即兴购物会是一大增长点,如订购鲜花、礼物、食品或快餐等。传统购物也可通过移动电子商务得到改进,例如,用户可以使用"无线电子钱包"等具有安全支付功能的移动设备,在商店里或自动售货机上进行购物。

(五)娱乐

移动电子商务将带来一系列娱乐服务。用户不仅可以从自己的移动设备上收听音乐,还可以订购、下载或支付特定的曲目,并且可以在网上与朋友们玩游戏,还可以进行游戏付费。

(六)无线医疗

医疗产业的显著特点是每一秒钟对病人都非常关键。在紧急情况下,救护车可以作为进行治疗的场所,而借助无线技术,救护车可以在移动的情况下同医疗中心和病人家属建立快速、动态、实时的数据交换,这对每一秒钟都很宝贵的紧急情况来说至关重要。在无线医疗的商业模式中,病人、医生、保险公司都可以获益,也愿意为这项服务付费。这种服务是在时间紧迫的情形下,向专业医疗人员提供关键的医疗信息。由于医疗市场的空间非常巨大,并且提供这种服务的公司为社会创造了价值,同时,这项服务又非常容易扩展到全国乃至全世界,相信在这整个流程中存在着巨大的商机。

(七)移动应用服务提供商

一些行业需要经常派遣工程师或工人到现场作业。在这些行业中,移动应用服务提供商将会有巨大的应用空间。应用服务提供商结合定位服务技术、短信息服务、WAP 技术以及 call center 技术,为用户提供及时的服务,提高用户的工作效率。

第二节　移动电子商务的发展趋势

通过移动电子商务价值链相关方需求发展的分析发现,未来该行业各方对信息服务和交易的要求将越来越高,随着信息技术和移动技术的发展,也必将会涌现越来越多的新的移动电子商务应用以满足行业的发展需要。

一、未来移动电子商务应用的发展趋势

(一)"3A"成为移动电子商务应用的基本特性

"3A"是指"anytime、anywhere、anyservice"。其中, anytime是指不受时间限制, 在任何时间都可以使用业务, 无论是白天还是黑夜, 只要有移动网络就可以使用; anywhere 是指不受空间限制, 在任何地点都可以使用业务; anyservice 指提供各种服务/业务。

移动电子商务的业务有别于传统电子商务的最大特点就是用户的移动性, 这促使移动电子商务应用不仅要满足用户在任何时间、任何地点使用任何业务的需求, 同时还要满足商户在任何时间、任何地点发布任何商品的需求。因此, "3A"将成为未来移动电子商务应用的最基本的特性。

(二)基于 LBS 技术的移动电子商务应用大放异彩

国外移动电子商务的运营者 Foursquare 和 Shopkick 利用用户独有的移动特性, 引入 LBS 技术, 依据用户的位置(地点)信息推出了有针对性的电子商务业务。当用户向系统登记其位置(地点)时, 不但可以获得积分, 还可以根据用户累计的积分及用户所在的位置得到业务系统推送的各类优惠券、折扣编码、代金券。

因为 LBS 技术等定位技术的引入, 商户可与移动电子商务应用提供商合作, 向进入目标位置(地点)范围内的特定人群做广告, 快速地锁定目标人群进行营销, 通过短信、二维码等多种方式推送优惠券、代金券及广告信息。

LBS 技术的引入, 使用户的搜索成本大为降低, 不仅为用户带来了更低的商品折扣, 也使用户真切地体验到了移动电子商务带来的优惠, 提升了用户体验。LBS 技术也使商户能更快地

锁定目标人群,进行针对性营销。对于移动电子商务运营商,LBS 技术不仅带来了广告收入,还可以向商家提供流量分析工具。可以预见,随着移动电子商务业务的不断发展,LBS 技术将在更大的移动电子商务应用中得到广泛应用,为产业链中的各参与方带来意想不到的商机。

(三)多途径识别技术的广泛采用

目前,二维码及图像识别技术在各种移动电子商务应用中都有使用,因为这些识别技术的引入,使用户利用移动网络对商品信息进行快速搜索成为可能。ShopSavvy 软件实现了条形码扫描搜索功能,淘宝网的淘淘搜推出了反向图像识别应用,这都使用户不费吹灰之力就可以了解到哪里可买到他所需要的最价廉物美的商品。Priceline、携程旅行网则将二维码各种识别技术与其提供的商旅服务应用(机票和酒店)结合,不但使市场价格透明化,还使得无纸化在移动电子商务中成为现实。

二维码及反向图像识别技术在移动电子商务应用中的广泛应用,为用户及商户都省去了大量的时间,大大拉近了商户与最终用户的距离,减少了交易中间环节。

随着二维码、RFID 及图像识别技术的不断进步,用户可以通过图片、二维码乃至 RFID 多种途径进行搜索、验证及身份识别,这也促使越来越多的移动电子商务应用提供商将其运用到自己的产品的各个细节中,改善用户体验。未来的移动电子商务业务中,必将有更多、更先进的识别技术出现,并在业务中得到最大程度的使用。

(四)快捷安全的移动支付

在移动电子商务中,支付环节是任何业务都不可忽视的重要环节。在移动电子商务中,由于二维码、RFID 及空中圈存技术的引入,使支付流程简化。用户通过一张手机 UIM 卡既可以实现通信服务,又可以实现其他支付业务的功能,并且能够通过移动网络提供的特有手段来随时使用移动电子商务应用提供的功能。目前,国内各省热推的公交一卡通业务就是一种典型移动电子商务应用。用户仅通过一张手机 UIM 卡,可以方便、快捷、安全地完成支付,还可以随时随地查询公交卡的余额,给公交卡充值。电信运营商与金融机构合作推出的天翼长城卡,更是使得通信功能和金融功能合在一张手机 UIM 卡上,实现了无缝支付。

在未来的移动电子商务应用中,用户仅凭移动终端既可快捷安全地完成小额支付,也可以实现像银行卡一样的大额转账及消费。为用户及商户提供快捷、安全、方便的移动支付功能,成为未来移动电子商务应用不可或缺的特征。

(五)创新左右移动电子商务应用的成败

移动电子商务应用在移动电子商务发展中将会扮演越来越重要的角色。无论是电信运营商,还是应用提供商,若想不断地吸引用户和商户,必须不断地进行创新,提供有特色的移动电子商务应用吸引用户及商户。

创新有时不需要革命性,仅一点点改变就可能影响整个效果。前文提到的 Foursquare 和 Shopkick 都将 LBS 技术与自身业务结合推出了有针对性的业务,但 Shopkick 做得更好,因而其吸引了更多的用户。Shopkick 仅比 Foursquare 多做了两点:一是将 Foursquare 的用户人工登记改为自动登记;二是在 GPS 定位和 Wi-Fi 定位的基础上又增加了超声波定位,使室内定位成为可能。仅这两点微小的创新,Shopkick 用户可以在一种互动的环境下感受购物或消费体验,就使得 Shopkick 后来居上超过了 Foursquare。

创新不仅指技术层面的创新,业务模式的创新也会影响到整个行业。苹果公司的 App store 为第三方软件的提供者提供了方便而又高效的软件销售平台。基于 App store,音乐、视频、软件等虚拟商品的销售得以保障,无论是最终用户、第三方开发者、商家都能够获得较高的满意度。这些促使了应用的丰富,而丰富的应用反过来又推进了 App store 的进一步发展。

创新不苛求全流程的改进,某一环节的创新足以影响应用的成败。团购应用就属于传统电子商务可以提供的一种应用,但移动电子商务中的团购特点在于:无论用户采用何种模式(PC、移动终端等)订购,用户获取消费凭证的方式大部分是通过移动终端,最简单的是利用短信方式的消费密码,高端的是利用二维码技术的验证码。在最后的验证环节,团购业务利用了移动用户独有的特点,使整个流程更快捷方便,大大提升了用户体验,极大地推动了业务发展。

在未来的移动电子商务市场上,谁把握了移动电子商务应用谁就是最终的主导者,移动电子商务应用的创新将会无处不在,创新不仅停留在技术层面,还会渗透至商业模式、用户体验及整个产业链的方方面面。

二、移动电子商务关键技术发展方向

在移动电子商务市场中,应用无疑是吸引用户和商户的利器,也将成为移动电子商务市场竞争的关键,而信息技术和移动技术的发展是应用创新的基础。随着业务的发展,新的技术热点不断涌现,新的应用也层出不穷,主要体现在以下4点。

(1)以 RFID、二维码、图像识别技术等为代表的用户和商品标识识别技术。

(2)以数据挖掘、消费者行为分析为优表的信息处理技术。

(3)以移动定位、LBS 技术为代表的用户位置信息识别技术。

(4)以移动支付安全技术、空中圈存技术、电子钱包技术、非接触技术等为代表的移动支付技术。

（一）移动电子商务中的移动定位技术

移动定位服务是指利用多种定位技术,结合电子地图和通信网络,整合各种信息数据,面向用户提供基于位置的信息服务能力及相关用。

移动定位服务的基础是移动定位技术。GPS(全球定位系统)是最早的移动定位技术,GPS 目前可达到 10 米左右的定位精度。现有的移动智能终端的基本硬件配置包括 GPS 芯片,以支持 GPS 的定位功能。

移动智能终端以及移动互联网应用的普及给移动通信运营商介入移动定位服务带来天然的优势。目前,基于移动通信网络的移动定位有两类:一是基于 Cell – ID 的小区粗定位技术,其精度取决于移动基站的分布及覆盖范围的大小;二是基于 AGPS (辅助全球卫星定位系统)的定位技术,由定位服务器与终端相互配合完成快速定位。AGPS 在 CDMA 网络上主要是基于美国高通公司开发的 GPSOne 技术;在 GSNVWCDMA 上主要是基于 SUPL 的商业解决方案。GPSOne 技术是高通的独家专利,技术标准封闭,不利于整个产业链的整合与发展,需要考虑替代方案。SUPL 技术标准,设备已经成熟,可以考虑在 CDMA 网络上进行试验。

Wi – Fi 定位技术也是目前移动定位技术的一个方向。Google Maps 提供的混合定位技术含有 Wi – Fi 定位技术,其原理是:首先利用基站和 Wi – Fi 进行低精度快速定位,然后再利用 GPS 定位纠正偏差,最后将高精度的卫星定位数据连同基站标识、Wi – Fi 标识一并发往谷歌数据库。

智能手机的超声感应技术可以解决 GPS 无法触及的室内问题。Shopkick 公司在室内的屋顶安装信号灯,信号灯以某一频率发射出超声波信号,智能手机的扩音器会接收和解析此信号,并通过服务端搜索实现定位,这也是移动定位技术的新探索。

移动定位服务仅仅是基础的能力,它必须结合具体的应用才能为用户所接受,目前应用最广泛的是基于 GIS 的信息搜索服务、导航服务,然后才能进一步延伸至移动电子商务领域。

(二)移动电子商务中的标识识别技术

对于消费者而言,移动电子商务的第一个环节就是识别。识别可基于图像、文字、移动用户位置信息,还可以基于商品的条形码、二维码、RFID 标识码等。目前,在移动电子商务中,应用最广泛的识别技术主要包括二维码技术、RFID 技术及图像识别技术。

1. 二维码技术

二维码是用某种特定的几何图形按一定规律在平面(二维方向)上分布黑白相间的图形来记录数据符号信息的;在码的编制上巧妙地利用构成计算机内部逻辑基础的比特流的概念,使用若干个与二进制相对应的几何形体来表示文字数值信息,通过图像输入设备或光电扫描设备自动识读以实现信息自动处理。二维码常见的技术标准有 PDF 417、QR Code、Code 49、Code 16K、Code One 等 20 余种,全球不同国家和地区的应用和推广程度各有差异,如美国以 PDF 417 码为主流,日本以 QR 码为主流,而韩国采用的是 DM 码。我国的工业和信息化部也颁发了国产行业标准 GM 码和 CM 码。

手机二维码是二维码技术的一种,二维码技术通过与手机结合,极大地拓展了其应用空间。目前,二维码技术主要用于进行二维码图形扫描识别、电子票务方面。手机二维码用于电子票务方面不但可以降低票据制作成本、配送成本,还可以提升防伪和检验能力。二维码技术作为物联网的一端,促进了媒体、通信和互联网的融合,使得平面媒体、移动运营商可以充分发挥各自的媒体优势,为企业开辟新营销服务。

目前,二维码技术已经较为成熟,但各应用所采用的编码格式不完全统一,使得设备不能够完全统一。在移动电子商务业务发展过程中,需要逐步统一二维码编码标准,并充分发挥其易识别、防伪的特点,积极探索新的应用场景和商业模式。

2. RFID 技术

射频识别(RFID)技术是一种非接敏式的自动识别技术,它通过射频信号自动识别目标对象并获取相关数据,识别工作无须人工干预。RFID 技术按应用频率的不同分为低频、高频、超高频、微波,相对应的代表性频率分别为:低频 135 kHz 以下、高频 13.56 MHz、超高频 860 ~ 960 MHz、微波 2.4 GHz 等。RFID技术在物联网和移动电子商务领域具有广泛的应用前景,也是各大运营商在移动支付业务中广泛采取的一种识读技术。

移动支付是移动电子商务的核心能力,对于移动运营商而言,将 RFID 非接触通信功能集成到手机 UIM 卡是目前普遍采用的现场支付的移动支付解决方案。当前国内主流 RFID UIM卡主要以 13.56 MHz 双界面卡为主,2.4 GHz RF 技术为辅。

从当前 RFID UIM 卡的实际使用效果来看,双界面卡的刷卡灵敏度和成功率不够理想,大大制约了双界面卡的规模推广。为了移动电子商务的快速发展和整个移动现场支付业务的规模应用,需要对 RFID 产品的射频特性进行深入研究,找出影响RFID 刷卡灵敏度和成功率的关键因素,对此进行研究和分析,从而拿出改进刷卡效果的技术方案,更好地助力支付业务规模推广。

3. 图像识别技术

现有移动电子商务的商品搜索技术,基于文本关键字的搜索方式依然是主流。虽然目前在移动终端输入文字已有较大的进步,但大量关键字的输入依然是一个非常冗长、低效的环节,很多潜在的电子商务用户就在这一短板环节里流失了。考虑到摄像头已成为移动终端的标配,完全可以考虑利用手机图像传感器,结合图像识别技术,采用"以图搜图"的方式引导用户进行商品搜索。

在用户拍摄及上传了商品图片后,商家可通过基于图像内容的图像识别技术,试图解析用户的心理,实现完整的电子商务流程。该模式目前主要有两大技术流派:一是基于精确匹配的电子商务模式,通过对图片的精确识别来引导用户进行移动电子商务活动,可广泛地应用于购票、购书等领域;二是基于相似度识别的电子商务模式,通过对图片的相似度匹配,挑选与用户图片最贴近的一批商品,可广泛地应用于服饰等相似度搜索场景里。

目前,基于图像识别技术搭建移动电子商务平台,已经成为移动领域的一大热点。谷歌、微软等各大 IT 公司都有相关产品问世,但是目前这一技术还受限于图像识别准确度、图像匹配速度等影响。如何快速地从用户提交的图片里,准确地分析出用户真正感兴趣的焦点对象,还有很大的提升空间。

(三)移动电子商务中的行为分析技术

行为分析是根据用户的特征(如兴趣、爱好、消费习惯)推荐满足用户要求的资源。电子商务、微博、视频等主流互联网模式占据着大量资源和市场,如何从大量的网络信息中挖掘出对人们最有用的资源,已经成为当下研究的热点问题。

行为分析在移动电子商务中显得尤为重要。移动电子商务因其固有的普遍性、个性化、灵活性、及时性等特点,经过初级阶段的撒网式市场营销后,业务与盈利模式同质化,产生的客户忠诚度低、差异化服务不明显、用户发展渠道单一等问题会进一步突显。"任何无效的信息都是对用户信任的一种破坏",可见消费信任的建立要求系统向用户传递的信息要适时、适地、适人,在移动电子商务中,这个要求尤其显著。

数据挖掘技术是进行行为分析的关键技术。数据挖掘在客户保持与维系、业务套餐制定、关联销售、市场营销和宣传等多方面发挥着重要作用,在移动电子商务中,要考虑数据挖掘如何借助移动终端的固有特性,多渠道细分用户特征,用服务的差异化来支撑用户需求的个性化,培养用户的使用习惯,打造优质的用户体验,增加用户使用的黏性。

通过信息整合与跨行业信息的合作等多种方式收集用户的个人资料、行为特征、消费特征、兴趣偏好、移动终端特点等多维的综合信息,采用数据分析挖掘技术,建立用户分类和用户聚类模型,在用户细分的基础上建立用户行为知识库。常用的模型有决策树模型、神经网络模型、回归模型、关联模型等,这些模型在潜在用户挖掘、流失预警、风险控制、用户维系、关联营销等方面都有成熟的应用。

第三节 移动支付概述

一、移动支付定义

根据移动电子业务(mobile electronic business)组织的定义,移动支付是指借助手机、PAD 等移动通信终端和设备,通过无线方式所进行的支付、转账、缴费和购物等商业交易活动。

二、移动支付分类

(一)按照支付的交互流程分类

按照支付的交互流程,移动支付可以分为近场支付和远程支付。

近场支付是指移动终端通过非接触式受理终端在本地或接入收单网络完成支付过程的支付方式。按技术实现手段,近场支付技术方案主要包括基于 13.56 MHz 频段和基于 2.45 GHz 频段的技术方案。比如,现在国内推出的手机公交一卡通等就属于近场支付。

远程支付指用户与商家非面对面接触,用户使用移动终端在支付应用平台选购商品或服务,确认付款时,通过无线通信网络,与后台服务器之间进行交互,由服务器端完成交易处理的支付方式。远程支付业务范围包括电话购物、网络购物、公共事业缴费等。远程支付"任何地点、任何时间"的特性,使得用户可以随时随地进行购物及支付,尽享优质生活。谷歌推出的手机智能钱包就属于远程支付。

远程支付技术方案主要包括短信支付、移动互联网(无卡)支付和基于智能卡的远程支付 3 种技术方案。

(二)按照支付账户的性质分类

按照支付账户的性质,移动支付可以分成银行卡支付、第三方支付账户支付、通信代收费账户支付。

银行卡支付就是直接采用银行的借记卡或者贷记卡账户进行支付的方式。

第三方支付账户支付是指为用户提供与银行或金融机构支付结算系统接口和通道服务,实现资金转移和支付结算功能的一种支付服务。第三方支付机构作为双方交易的支付结算服务的中间商,需要提供支付服务通道,并通过第三方支付平台实现交易和资金转移结算安排的功能。

通信代收费账户是移动运营商为其用户提供的一种小额支付账户,用户在互联网上购买电子书、歌曲、视频、软件、游戏等虚拟产品时,通过手机发送短信等方式进行后台认证,并将账单记录在用户的通信费账单中,月底进行合单收取。

(三)按照用户支付的额度分类

按照用户支付的额度,移动支付可以分为小额支付和大额支付两种。

通常来讲,交易金额小于 10 美元的称为小额支付,主要应用于游戏、视频内容等互联网虚拟产品的购买等;交易金额大于 10 美元的称为大额支付。两者之间最大的区别在于对安全要求的级别不同。对于大额支付来说,通过金融机构进行交易鉴权是非常必要的;而对于小额支付来说,使用移动网络本身的 SIM 卡鉴权机制就已足够。

(四)按照支付的结算模式分类

按照支付的结算模式,移动支付可以分为即时支付和担保支付。

即时支付是指支付服务提供商将交易资金从买家的账户即时划拨到卖家账户。一般应用于"一手交钱一手交货"的业务场景(如商场购物),或应用于信誉度很高的 B2C 以及 132B 电子商务,如易宝支付等。

担保支付是指支付服务提供商先接收买家的货款,但并不马上支付给卖家,而是通知卖家货款已冻结,卖家发货,买家收到货物并确认后,支付服务提供商将货款划拨到卖家账户。在这一过程中,支付服务提供商不仅负责资金的划拨,同时还要为不信任的买卖双方提供信用担保。担保支付业务为开展基于互联网的电子商务提供了基础,特别是对于没有信誉度的 C2C 交易以及信誉度不高的 B2C 交易。目前,担保支付做得比较成功的有支付宝。

(五)按照用户账户的存放模式分类

按照用户账户的存放模式,移动支付可以分为在线支付和离线支付。

在线支付是指用户账户存放在支付提供商的支付平台,用户消费时,直接在支付平台的用户账户中扣款。

离线支付是指用户账户存放在智能卡中,用户消费时,直接通过 POS 机在用户智能卡的账户中扣款。

三、移动支付架构

移动支付架构以用户体验为核心,主要包括 4 个主要部分,见下图。

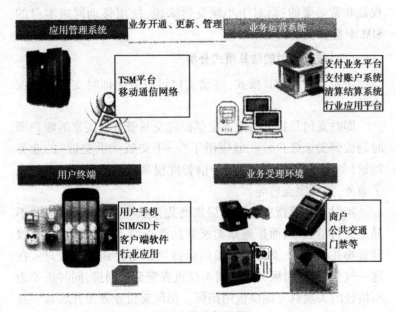

图　移动支付架构

四、外国移动支付的发展

各国移动支付发展的情况及模式取决于各国国家的国情以及各方力量的博弈,接下来将通过分析各地区的移动支付发展情况和模式,寻找出决定产业发展模式背后的因素,进而为中国移动支付发展提供参考和借鉴意义。

(一)美国模式

1. 特点

第三方主导,金融机构、运营商等多方参与。

美国金融市场化较彻底,金融业发达,信用卡业务发展成熟,但移动支付仍处于初级阶段,远程支付发展迅速,目前运营商主要与金融机构合作发展移动支付业务。这其中以 AT&T、Verizon、Sprint 等公司为主要代表。

数据显示,2012 年移动支付交易规模将达 792 亿美元,同比增长 59.7%,其中,近端支付占比仅 0.8%,交易规模达 6.4 亿美元。

在整体近端支付发展缓慢的同时,改造信用卡刷卡行为的 Square 模式由于无缝对接用户习惯,取得空前发展。

2. 原因分析

风险资本牵头,促进产业链协作。

根据历史数据,截至 2012 年 9 月,Square 员工数超过 400 人,而 2011 年年初仅 40 人左右;2012 年,年处理交易金额已经突破 80 亿美金,而估值则从 2009 年 12 月的 0.45 亿美金飙升至 2012 年的 32.5 亿美金。

Square 之所以发展如此迅速,与美国良好的融资环境是分不开的。对于初创企业来说,没有可以抵押的固定资产,也无法从资本市场融资,因此,只能由风险资本进行先行投资,由于美国是由资本市场主导的金融体系,只要是风险资本认为有一定发展前景的企业,就能以合适的市场价格获得注资。

同时,由于风险资本投资于多个产业,获得风险投资的新企业可以在风险资本的引荐下得到多种合作机会,通过风险资本的运作可以打通产业链,从而促进企业的发展,Square 在得到星巴克的投资后,独家获得与星巴克所有门店合作的机会,也为其快速发展增加了动力。

（二）欧洲模式

多国运营商联合运营、银行与卡组织作为合作者共同开发移动支付。

欧洲市场移动支付条件优越，但市场推进难度较大。一方面是由于手机终端厂商、芯片制造商、银行金融机构、支付卡供应商、支付解决方案供应商以及众多品牌零售企业相互争夺市场空间，难以形成产业链合作；另一方面是由于信用卡业务发展成熟，银行卡成为制约新型支付方式发展的重要因素，市场尚需时间培养用户习惯。

模块六　如何开设网店

第一节　网上开店的形式

随着计算机网络技术的广泛应用,我国电子商务得到了飞速发展。如今,在网上经营商店已经成为一种普遍的创业方式,不少人洞察其中的商机,积极投身于网上开店的浪潮。相对于传统的经营模式,网上开店有着成本低、时效快、风险小、方式灵活等优点。随着电子商务的不断发展以及网络信用、电子支付和物流配送等瓶颈的逐渐突破,网上开店的前景必将更加广阔。

一、网上开店的定义

所谓网上开店,是指经营者在互联网上注册一个虚拟的网上商店,将待售商品的信息发布到网页上,对商品感兴趣的浏览者通过网上或网下的支付方式向经营者付款,经营者通过邮寄等方式,将商品发送到购买者。

网上开店是一种在背景下诞生的全新销售方式,它与大规模的网上商城相比,具有投入不大、经营方式灵活等特点,可以为经营者获得不错的利润空间,成为许多人的创业途径。

二、网上开店的形式

(一)自立门户型的网上开店

自立门户型的网上开店是指经营者根据自己经营的商品情

况,自己亲自动手或者委托他人建设一个新的网站进行商品销售。一般包括几方面的工作:域名注册、空间租用、网页设计、程序开发、网站推广等。网店有自己独立的网址,不依靠挂在大型购物网站上宣传,完全依靠经营者通过网上或网下的方式进行推广,从而吸引浏览者进入自己的网站,完成最终的销售。

自立门户型的网店的优势在于:因为是完全独立开发的个性化网店,其内容、风格完全可根据经营者的要求来进行设计,从而避免使用像易趣网、淘宝网这样的网上开店平台里提供的雷同模板,使网店的内容和风格更为新颖别致。同时在网店经营过程中,也不用支付诸如商品交易费、商品登陆费之类的费用。

然而,自立门户型的网上开店也存在着一些缺点,如前期需要大量资金投入,包括域名、主机、网站建设等,而且每年都需要投入大量的网络宣传费用,才有可能得到浏览者的关注,实现最终的商品销售。因此,目前这种方式多适合于有实体店铺的专业卖家使用,而个人则很少采用这种方式。

(二)在专业的大型 C2C 网站上开店

主要是指采用 C2C 网上开店平台提供的自助式店铺模板建立自己的网店。像易趣、淘宝、拍拍等许多大型专业网站都向个人提供网上开店服务,你只需要支付少量的相应费用(网店租金、商品登录费、网上广告费、商品交易费等),就可以拥有个人的网店,进行网上销售,这个网店就类似于现实生活中在大型商场租用一个柜台,借助大商场的影响力与人气更好地经营商品,我们目前所看到的个人网上开店基本都是采用这种方式。

在专业的大型 C2C 网站上建立网店的优势在于:初期的资金投入相对较少,凭借 C2C 网站的知名度带来的强大人气可省去大量网店宣传推广工作,并可免费享有 C2C 网站提供的信誉监测机制等。

但是,在专业的大型 C2C 网站上开店要受许多方面限制,如网店内容模块化,网页上还会带有 C2C 网站的标识,并且网站所有的注册会员的信息和数据库等资料卖家都无权拥有。

第二节　网上开店的准备

网上开店不是简单地上传几张商品照片,就可以大功告成了。在开店过程中还需要做大量的工作,包括前期准备如软硬件准备、如何选择经营商品及如何寻找商品货源等。

一、网上开店的两个基本条件

(一)硬件准备

要开一个网上商店,基本的硬件配置一定要准备齐全。这包括一台能够上网的电脑、一台数码相机、一部能够用于通信的手机或者电话。其他可以选择配置的硬件有:扫描仪、传真机、打印机、激光多功能一体机等。另外,如果要在网上销售首饰之类比较精细的商品,那么数码相机的分辨率至少要在 300 万像素以上,否则拍摄出来的商品图片效果难以令人满意。

(二)软件准备

在网上经营商店,要求对电脑和网络有一定的了解,不需要熟练和精通,但至少懂得一些软件的基本应用。

1. 电子邮件(E-mail)

电子邮件是现今网络时代中比较重要的一种沟通工具,分为收费邮箱和免费邮箱两种,绝大多数人都是使用免费邮箱。但是收费邮箱在储存空间、稳定性等各方面都比免费邮箱要出色,因此在网上开店之前,最好选择收费邮箱。因为如果由于电子邮箱的问题而造成交易失败,损失的不仅是金钱,更重要的是损害了个人信用。

2. 即时通信软件

在电子商务发展之初,E-mail 是互联网上主流的通信交流工具,现在它的地位已渐渐被即时通信软件(Instant Messenger,以下简称 IM)所取代,如 QQ、MSN 等。这些软件大多是免费的,国内用的比较多的就是 QQ 或 MSN,淘宝网用户则以使用淘宝旺旺为主。

使用即时通信软件,最重要的是打字要熟练,否则,会给客户留下你态度不认真或不尊重客户的感觉,导致交易的失败。打字聊天是最好的网上沟通方式,生意就是在手指敲击键盘的时候谈成的。

3. 图片处理软件

网上商品除了要有好的文字描述以外,另一个非常重要的部分就是要有精美的商品图片。在实体店铺中,顾客通过触觉、嗅觉、味觉等途径来感受商品,而在网上,商品的表现只能通过视觉来完成,所以图片的选择、处理非常重要。学会简单的图片处理技术,才能把拍摄到的实物照片更好地展现在顾客面前。

电脑图像文件的格式有很多种,常见的有 BMP、JPG、GIF、TIF、PSD 等格式,如果图像文件的格式与要求不符,可能会导致图片上传不成功。数码相机的图片处理格式一般选择 JPG,很多网站都支持这种格式。

比较常用的图形处理软件有 PhotoShop、Fireworks、Acdsee、微软的画图工具等,应该至少学会操作一种图片处理软件,这样才能根据需要做出效果令人满意的商品图片。

二、商品及货源

(一)确认目标顾客

任何营销计划的第一步都是选择市场,确认目标顾客,其次才是确定目标顾客需要购买的产品和服务。如果这两个基本要素得到确认，那么在吸引顾客和销售产品方面的问题就会迎刃而解。据调查，目前主流网民有两大特征，一是年轻化，以游戏为主要上网目的，学生群体在网民中占相当大的比重；其次是上班族，代表了主流网民的另一大基本特征——白领或者准白领化。找准目标顾客，往后的各项工作就会事半功倍。

（二）确定经营的商品

确认目标顾客后，"卖什么"就成为最主要的问题。确定经营的商品时，一定要根据自己的兴趣和能力而定，避免涉足不熟悉、不擅长的领域。例如，一个对电脑一无所知的人，去开一家销售电脑硬件的网上店铺，结果如何可想而知。

另外，还要综合自身财力、商品属性以及物流运输的便携性，对要出售的商品加以定位。现实中，并不是任何商品都适合个人在网上开店销售，因此，最终选择的商品一般应具备下面的条件。

（1）仅通过商品的文字和图片介绍，就可以激起浏览者的购买欲望。

（2）体积不大，方便运输。

（3）网下没有，只有网上才能买到。比如外贸订单产品或者直接从国外带回来的产品。

（4）稀缺资源产品，比如产品的市场面向全国，但产量不大，企业没有能力在全国建立营销渠道的。

（5）价格合理，有一定利润空间。如果网下可以用相同价格买到，则该产品不具备价格竞争优势。

（三）确定进货渠道

确定经营的商品之后，下一步就是寻找商品货源。如何找到物美价廉的商品，就成为网店持续发展的关键。一般寻找货源的渠道有以下两个方面。

1. 网下资源

(1)密切关注市场变化。时刻关注本地市场变化,利用地域或时空差等优势,以低价购进换季或特卖场里的打折商品,此类商品不仅价格低廉,且款式新颖、品质上乘,必定成为网上的畅销商品。

(2)批发市场。多跑地区性的批发市场,熟悉行情后以低价购进小批量商品,放到网上试销,并与批发商打好关系,往后的合作可以先在网上把商品卖出去,再到批发商那里进货,避免造成商品库存积压。

(3)关注外贸产品。从熟识的外贸厂商手上,买进一些外贸订单中的一些剩余商品,这些商品一般只有几件,却因存在一些小瑕疵被国外订货商退回。如果以成本价买进这类商品,市场潜力非同一般。

(4)买断品牌积压库存。有些品牌厂商的积压库存很多,如果有比较充足的资金,可以以极低的折扣一次性把积压库存买断,再转手到网上卖掉,就能获得丰厚的利润。

(5)自产自销。个性原创商品一直是网上的热销商品,如果自己有一门手艺,可做出原创东西,如手绘布鞋、编织手链,甚至是玩游戏打出来的游戏装备,都可以放到网上销售,完全不必担心有库存积压的风险。

(6)国外打折商品。国外的世界一线品牌商品在节日或换季时,价格会非常便宜。请国外的亲戚朋友帮忙会是个不错的办法,利用地域差价可赚取不少的利润。

2. 网上资源

(1)利用搜索引擎。搜索引擎已经成为网络用户寻找信息和发现网站的最好方式,例如国内比较有名的百度、Google 等搜索引擎,只需要在地址栏输入"批发"等关键字,就可以找到大量相关货源信息。

（2）登陆国内知名贸易网站。例如,阿里巴巴网站,只要在网站上发布求购信息,很快就可以收到许多反馈和报价;或利用网站内部搜索引擎进行搜索,直接找到供应商进行联系。

三、选择店址

（一）选好网上开店平台

著名的商业流通领域"三原则"。

第一是选址。

第二是选址。

第三还是选址。

从上面的著名的商业流通领域"三原则"看出,零售商拥有好的地理位置,就拥有了稳定的客流量,进而极大地减小了营销成本。在网上开店创业也一样,在什么平台开店,直接关系着开业成本,同时对销售结果也会产生一定的影响。

目前中国提供网上开店服务的大型购物网站有上百家,真正有一定影响力的则数量不多,下面介绍几个主要的相关网站。

1. 易趣网（www. ebay. com. cn）

1999 年 8 月 18 日由邵亦波及谭海音在上海创立,是全球最大的中文网上交易平台,提供 C2C 与 B2C 网络平台的搭建与服务。2002 年 3 月,易趣获得美国最大的电子商务公司 eBay 的3 000万美元的注资,并与其结成战略合作伙伴关系;2003 年 6 月,eBay 向易趣追加 1. 5 亿美元的投资。易趣网迄今为止已经吸引了近 2. 2 亿美元的境外投资,成为吸引外资最多的网上交易企业。

易趣网是中国最早提供网上开店服务的购物网站之一,注册网上商店免费,但是需要支付商品的底价设置费、物品登录费及广告增值服务费等。

2. 淘宝网（www.taobao.com）

由全球著名的 B2B 电子商务公司阿里巴巴公司投资 4.5 亿人民币创办，致力于成就全球最大的个人交易网站。比易趣晚了近 4 年时间推出的淘宝作为 C2C 的后起之秀，能够迅速占领国内 C2C 市场份额，不仅仅是因为淘宝网对卖家是免费的，还因为淘宝网能够积极听取卖家的反馈信息，并作改进。C2C 是个人对个人的电子商务模式，这种人性化的网站今后必定会更受买卖双方的欢迎。

淘宝网目前提供免费注册、免费认证、免费开店服务。

3. 腾讯拍拍网（www.paipai.com）

它是腾讯旗下的电子商务交易平台，网站于 2005 年 9 月 12 日上线发布，2006 年 3 月 13 日宣布正式运营。

拍拍网依托腾讯 QQ 超过 4 亿的庞大用户群以及 1.7 亿活跃用户的优势资源，具备良好的发展基础。拍拍网运营满百天即进入"全球网站流量排名"前 500 强，并且创下电子商务网站进入全球网站 500 强的最短时间纪录。

（二）网上开店流程

下面以淘宝网的开店流程为例。

1. 注册

在淘宝网首页点击"免费注册"，就会出现填写注册信息的页面，包括用户名、密码、电子邮件地址等。电子邮件地址必须是有效的，因为淘宝网会在用户注册后，发送一封邮件到用户的电子邮箱里，用于激活会员名称。打开电子邮箱，点击激活邮件，根据提示，点击激活链接，可完成注册。

2. 认证

注册成功后，必须通过支付宝认证才能够在淘宝网上开店。支付宝认证是由浙江支付宝网络科技有限公司提供的一项身份识别服务,通过支付宝认证后相当于拥有了一张网络身份证,并有助于增加支付宝帐户拥有者的信用度。支付宝认证有个人认证和商家认证两种方式可供选择,目前来看两者的功能是相同的,只是提交的材料不同。支付宝认证需提供身份证信息和银行账户信息,提交申请后一般在 3 个工作日内会得到审核结果。

3. 开店

通过支付宝认证以后,只要拥有 10 件不同的商品,就可以在淘宝网上开店了。在店铺管理页面可对店铺进行相关设置,如发布新的商品、上传商品图片、装修店铺等等。

四、支付

安全便捷的支付是网上开店成功的关键因素之一,目前国内网上购物使用比较多的有以下几种支付方式。

(一)网下支付

(1)货到付款。指由网店的店主或被委托的快递公司到顾客指定处收款。目前我国信用体制仍不健全,多数买家更愿意选择这种支付方式。但是货到付款方式无疑会给商家带来一定的经营风险和增加昂贵的物流成本。

(2)邮局汇款。是最传统的支付方式,邮局汇款又可分为普通汇款和电子汇款,两种方式都要收取一定的手续费。

(3)银行汇款。银行卡分为信用卡和借记卡,信用卡具备透支功能,借记卡不具备透支功能。淘宝网论坛曾有卖家做过一项调查,是关于讨论哪家银行的银行卡更方便使用,结果招商银行一卡通占38%,工商银行灵通卡和农业银行金穗通宝卡并列占 19%,建设银行龙卡占 16%,交通银行太平洋卡占 2%,中国银行长城借记卡和邮局绿卡占 1%。

(4)手机支付。理论上任何手机信号覆盖到的地方,都可以实现手机支付。使用手机支付时,收银员在收银的移动 POS

机上输入消费金额,产生一个订单号,之后用户在手机的支付菜单上输入订单号、交易金额和取款密码 3 项内容,银行在处理之后,会将交易成功信息分别发回移动 POS 机和用户手机上,交易完成。目前在我国,手机支付方式多用于网站的增值服务收费,如收费邮箱、下载彩信、QQ 会员收费等。

(二)第三方网上支付平台

通过在第三方网上支付平台实现的网上支付,取代了银行汇款、邮政汇款、货到付款等传统支付方式。网上商店开通网上支付功能,顾客足不出户就能将货款汇到卖家银行账户中,极大方便了顾客。因此,网上支付是电子商务发展的必然趋势。

淘宝、易趣等 C2C 网站都给卖家提供了不同的在线支付平台,如淘宝网是支付宝平台,易趣网是安付通平台和贝宝平台。

五、配送

商品运输是物流基本功能之一,也是网上购物中很重要的一个环节,而现今这个环节严重制约着我国电子商务的发展。据统计,在我国网上购物的配送方式中,2005 年通过普通邮局寄送的占 32.7%,因为邮局的网点分布广,而且安全性高;到2006 年,通过快递公司寄送则成为网上购物首选的配送方式,网上购物的便捷性也进一步体现出来。目前我国网上购物常用的配送方式有以下两种。

(一)通过邮局配送

邮局送货是最常用的一种方式,网络覆盖面广是众多卖家选择它的原因。

(1)邮局普通包裹邮寄。普通包裹的基本邮费按公里数及重量计算,每 500 克为一个计费单位,附加费有挂号费、保价费和回执费,寄达时间为 7~15 天。

(2)EMS(全球邮政特快专递)。计费方式与普通包裹大致相同,但价格更为昂贵。该项业务在机场发运和海关通关方面均可获得优先安排,能用最快速有效的方式完成收寄、运输和投递整个过程,以满足客户对邮件传递时限的需求,并可通过手机或网站对邮件进行实时追踪查询。

(二)通过快递公司配送

民营快递是一个新生行业,它的出现打破了邮政 EMS 一揽天下的格局。快递公司与 EMS 相比,有着可随时提供上门取件服务、价格定位适中等优点,其送货所需时间与 EMS 接近,因此受到众多卖家和买家的欢迎。但它同样存在一些弊病,如投错件、损坏件、丢件、快件中有危险品、包装简陋等,此类现象在快递公司中屡见不鲜。

第三节　网上开店的经营

网上开店的各项准备工作完毕之后,应该立即着手开展网上开店的经营工作,这包括:整理商品图片及文字描述、合理设置商品价格、积极进行网店推广。好的商品图片和文字描述比滔滔不绝地向客户介绍商品重要,如何合理设置商品价格和积极推广网店则是网上开店能否成功的关键。

一、商品描述

(一)图片描述

网上销售,一张好图胜千言,图片是吸引买家的重要武器。在众多同质化的商品海洋里,如何拍摄一张好照片,并加以适当处理,让它在众多商品中脱颖而出,是迈向成功的关键一步。

1. 商品拍摄。

图片的重要性不言而喻,一张好图片来源于好的拍摄。商品拍摄前,首先要考虑清楚的是被摄商品的特点和质地,在心中构思如何将这些要素展现出来;接着要选择清晰的光源,光线过暗或过亮都无法拍出效果令人满意的照片;最后要选择合适的背景和良好的构图,背景过于生活化容易使商品欠缺卖相,拍摄时注意物体的摆放位置和拍摄角度,可尝试俯拍、仰拍等多种角度。

考虑到图片可以在电脑里做后期加工,所以拍出的商品照片只要清晰、曝光基本正确就可以了。

2. 图片处理制作

图片的后期处理,要以实物为基础,尽量缩小与实物的差距,不要为了追求好的效果而把颜色调得过于鲜艳、明亮,否则买家收到货物后会有受骗上当的感觉,也给卖家自身信誉造成损失。

处理图片的软件有很多,但只需选择具有一些基本功能的软件即可,如修改图片的尺寸、调整图片亮度、对比度及色彩、在图片上添加文字等功能都是必须的。常见的图片处理软件有Photoshop、Fireworks、Acdsee、微软的画图软件等。

(二)文字描述

网上卖东西,有了商品图片,买家还是看得见摸不着,所以必要的商品文字描述显得极其重要。文字描述一般分为 3 个步骤。

1. 给商品取一个好标题

在网上商店的商品标题中,我们常见的标题一般包含以下要素。

(1)突出价格优势。

(2)突出品牌、型号。

(3)写入店铺名称。

（4）写上值得骄傲的信用等级。

2. 比较详细的商品描述

商品描述应遵循两个原则：真实性、专业性。如果在商品描述中传递虚假信息，买家收到货物后发现商品与描述不符，轻则投诉，如果因货物导致其他问题产生，重则可能因此负上法律责任。在商品描述中介绍商品的相关背景、规格、功能、使用特点、价格说明等，可以体现出店铺的专业性，给买家一种无形的影响力，有助于提高商品成交率。

3. 其他情况备注

在文字描述的最后，可以写上一些"郑重说明""购买说明"等交易说明，特别是常见的买卖问题、汇款问题、商品配送问题等。

二、商品定价

许多人愿意在网上购物的一个重要原因是价格便宜，在比较完商品的功能、外观后，商品价格就成为影响购买的重要因素。目前，国内网上开店的卖家定价方式主要有一口价、拍卖价、集体议价3种。

网上开店的商品定价是一种艺术，针对不同情况采取相应的定价策略，有助于提高店铺的经营业绩。常用的网上开店定价策略如下。

（1）制定的价格略低于市面的成交价格，满足消费者追求廉价的心理。

（2）网下不容易买到的时尚类商品，价格可适当调高。

（3）店内经营的商品可拉开档次，有高价位的，也有低价位的。

（4）随时掌握竞争者的价格变动，调整自己的竞争策略，时刻保持商品的价格优势。

（5）巧妙运用捆绑手段,减少消费者对价格的敏感程度,使消费者对所购买的产品价格感觉更满意。

（6）满足消费者对价格数字的喜好心理,如在定价中多采用数字"8"等。

（7）如果产品具有良好的品牌形象,那么产品的价格将会产生很大的品牌增值效应。

三、网店推广

在网络技术高速发展的今天,互联网上到处是网店,在淘宝网或者易趣网开店的人更是比比皆是。谁能吸引更多的眼球,谁就能赢得市场,这取决于是否能运用恰当的营销手段。一般可以根据自己店铺的经营规模和经营阶段采取适合的网络推广方式,常用的有购买推荐位、登录搜索引擎、BBS 论坛宣传等若干种。

（一）购买推荐位

这种网络推广方式只适用于 C2C 网上开店平台(如易趣网),推荐位的作用主要是为了吸引浏览者的注意力。因为在 C2C 平台上开店的卖家非常多,而顾客在选购商品时,很少有耐心去看完所有的商品列表,所以在第一页的商品相对来说会吸引更多的眼球。浏览量上升必然使成交机会变大,因此对于一些热门的商品,购买推荐位是必要的。

（二）登录搜索引擎

据 CNNIC 调查表明,目前用户最常用的网络服务排在首位的是浏览新闻和搜索引擎,占据总数的 66.3%,由此可见,搜索引擎已成为网民上网的必要工具。国内比较著名的搜索引擎有 google、百度、雅虎中文、搜狐、新浪等。把网上店铺的网址登录到这些著名的搜索引擎上,可以有效提升店铺的访问量。

（三）BBS、论坛、社区宣传

选择人气旺、高质量的 BBS、论坛、社区发布信息，不仅有效而且是免费的，但必须注意发布的内容不能让人感觉明显是在做广告，这样不仅会引起论坛网友的反感，也可能会被版主删除帖子。应该以潜移默化的方式进行推广，例如探讨某个问题时留下自己店铺的地址，或者把广告做在自己论坛的签名档中，都可以获得不错的效果。

（四）登录导航网站

近几年网络上流行一种被称为网址站的导航网站，最知名的当属 hao123 网址之家。它集中搜集各种类别的网站地址，显示在一个页面里，方便网民使用，访问量一般都很高。对于一个流量不大、知名度不高的网站来说，导航网站能带来的流量远远超过搜索引擎及其他方法。

（五）互换友情链接

友情链接可以给一个网站带来稳定的访问量，并有助于提升网站在 google 等搜索引擎中的排名。但是，如淘宝网等 C2C 网上开店平台对友情链接做了硬性规定，店主只能与其旗下的其他店铺交换友情链接。

第四节　网上开店的售后服务

在网络上，如果一个顾客觉得受到了冷落，那他告诉的不是 5 个人，而会是 5 000 个人，所以经营网店的过程中，要用 7 成的时间来树立良好的口碑。现今的客户关系管理已经不是靠销售人员的个人魅力，而是要依赖整体的力量，由过去被动地收集客户资料，转为建立主动关怀的客户关系。在第一时间解决客户的需求问题，将会赢得客户的忠诚心。

一、服务形式

（1）网站留言服务。网站留言服务是最常见的网店店主服务顾客的方式，通常用于售前的顾客咨询。一般 C2C 网上开店平台都提供留言功能，解决了买卖双方不能进行即时沟通的难题。

（2）电话服务。电话服务是除上门服务外，最直接、快速的一种买卖双方沟通方式。卖家在电话中解答顾客问题的语气态度、描述商品的专业知识等，会直接关系到商品的成交与否。

（3）网上即时服务。国内卖家使用较多的网上即时通信工具主要有 QQ、MSN、淘宝旺旺等，其主要特点是使买卖双方能够做到一对一即时沟通。

（4）电子邮件服务。适合有较多信息要交流但又不方便时时刻刻挂在网上的买卖双方使用。同时，许多国外买家喜欢用电子邮件方式与国内卖家沟通，因此拥有一个比较稳定的电子邮箱地址是必要的。

二、处理顾客抱怨的策略和技巧

（1）重视顾客的抱怨。要重视每一次顾客的抱怨，因为每个问题都可能有一些深层次的原因。认真倾听顾客抱怨，有利于增进卖家与顾客之间的沟通，依此诊断自身存在的问题与弊病，并做出进一步改进。

（2）分析顾客抱怨的原因。面对顾客抱怨时，应保持平常心对待顾客，并站在顾客的立场思考问题，如果自己遭遇顾客的情形，将会怎样做，这样才能体会顾客真正的感受，找到有效的方法解决问题。

（3）正确及时解决问题。对于顾客的抱怨应该正确及时地进行处理，拖延时间，只会使顾客变得不耐烦，认为自己的问题没有得到应有的重视,加剧矛盾的恶化。

(4)记录顾客抱怨与解决情况。对于顾客的抱怨与该抱怨的解决情况,要做好记录,并定期总结,以防今后经营过程中再有类似的情况发生。

(5)追踪调查顾客对于抱怨处理的反映。处理完顾客的抱怨之后,应积极与顾客沟通,了解顾客的想法,改善与顾客的关系,赢得顾客的谅解与支持,具体事例见下表。

表　常见卖家处理顾客抱怨的事例

买家抱怨	卖家解释	点评建议
态度极差,已经及时说明了暂时不能完成交易的原因(要回老家),并且已经说明二月初过完年回家之后交易,还连给我两次警告。十几块钱的东西,至于么	你什么意思啊?是你不买我的东西啊!那你说好会汇款给我的,联系也不联系我,等到我给你警告了,你才和我说你有事,现在你还给我一个差评有没有搞错啊?我还没给你差评呢,你倒给我一个	说明交易过程中与买家的沟通是非常必要的。卖家动用警告更是不应该
汇款至今已经有20多天,还没有收到货,平邮最迟14天都到了,何况是快递?问你包裹号也不说,说去查,都查了这么久了,还是没有下文。发邮件也不再回复了,个人认为是被骗了	不知道你说的是什么?说给你发货了,我们那么大的店,会骗你这点小东西吗?你要为你说的话负责的!至于我们的信誉,大家有目共睹,也不是你一个人说的	这样的解释明显给别人一种店大欺客的感觉。而且没有正面回答买家的质疑。让人更相信有这回事
什么正版 HELLO KITTY 电吹风,日本 HELLO KITTY 授权生产出口商品,我看商标是"made in china",电吹风的外表质量更差,外面塑料壳压塑不平,做工粗糙,简直像地摊上的劣质货	拜托你不要乱说诽谤我好不好!全世界有多少玩具是 MADE IN CHINA 你知道吗?授权生产是指有生产资格的,在中国造的当然叫出口日本了。这个道理都不懂!真从日本进的那叫从日本进口,搞清楚再来说好不好,太无聊了	卖家回避商品的质量问题,抓住买家的常识错误。很显然是不负责任的

三、正确处理顾客换货和退货

有调查结果表明,顾客购买动机影响力最大的因素是容易退换货,这甚至超过了顾客的服务和产品选择。因此,在消费者决定购买之前,应该清楚、明白地告诉消费者,什么样的条件下可以退换货,如果是款到发货的方式,退货后多长时间可以将货款退还给顾客,往返运输费用由谁来承担等,消除消费者的疑虑。

在接到顾客要求退换货时,应该本着服务为先的态度来处理顾客的要求。要相信顾客永远是对的,只有信任顾客,才能让顾客最终信任自己。即使有时顾客的要求显得并不合理,也不要轻易拒绝。因为既然顾客提出要求,就表明自己做得还不够,还需要改进。对确实满足不了的,应该以签名信的形式表示道歉。

模块七　农产品电子商务的网络安全

第一节　电子商务安全概述

电子商务简单地说就是利用 Internet 进行的交易活动。电子商务的安全不仅只是计算机网络及计算机安全,如防病毒、防黑客、入侵检测等,除此之外也包括交易的安全和支付的安全,因此,电子商务安全的涵盖面比一般的计算机及网络安全要广泛得多,包括对商家、对客户、对所有实体的安全,并涉及国家法律、诚信体系等多个方面。

一、电子商务面临的主要安全威胁

电子商务建立在互联网之上,互联网的安全问题同样是电子商务所面临的安全问题。互联网本身就存在安全威胁,如网络篡改、拒绝服务攻击、木马和网络仿冒等。对于在网上交易者来说,网络的不安全使交易安全失去基本保障。商务信息的存储依靠计算机数据库技术来实现,信息传输的主要途径是互联网。所以,电子商务的不安全因素也正是以计算机和网络通信等相关漏洞为主要目标,并成为不法分子入侵的主要途径。要实现网络的安全必须达到客户端安全、服务器安全、操作系统安全、数据库安全、中间件安全和网络通信安全等。另外,传统的交易是面对面的,很容易建立交易双方的信任关系和交易过程的安全性。而电子商务活动中的交易行为是通过网络进行的,买卖双方互不见面,缺乏传统交易中的信任感和安全感。电子商务中的网络安全和交易安全问题是实现电子商务安全的关键所在。

(一)计算机及网络系统安全威胁

1. 物理威胁

物理威胁包括设备受自然灾害破坏、设备被盗、设备功能失常、电源故障和由于电磁泄漏引起信息失密等。

2. 软件漏洞和"后门"

随着计算机系统越来越复杂,一个软件特别是大型软件,要想进行全面彻底的测试比较困难。虽然在设计与开发软件过程中可以进行某些测试,但总是会留下某些缺陷和漏洞,这些缺陷可能长时间无法发现,只有当被利用或某些条件得到满足时,才会显现出来。常用的一些大型软件,如 Windows 操作系统,不断被用户发现各种各样的安全漏洞。"后门"是在程序或系统设计时插入的一小段程序,用来测试这个模块或将来为程序员提供一些管理上的方便,一般不为外人所知,但一旦"后门"被打开,其造成的后果不堪设想。

3. 网络协议安全漏洞

网络服务一般是通过各种各样的协议完成的,因此网络协议的安全性是网络安全的一个重要方面。如果网络通信协议存在安全上的缺陷,那么攻击者就有可能不必攻破密码体制即可获得所需要的信息或服务。值得注意的是,网络协议的安全性是很难得到绝对保证的。目前协议安全性的保证通常有两种方法:一种是用形式化方法来证明一个协议是安全的;另外一种是设计者用经验来分析协议的安全性。形式化证明的方法是人们所希望的,但一般的协议安全性也是不可判定的。所以,对复杂的通信协议的安全性,现在主要采用漏洞查找的分析方法。无疑,这种方法有很大的局限性。因此,网络协议漏洞是当今 Internet 面临的一个严重的安全问题。

4. 黑客攻击

黑客攻击手段可分为非破坏性攻击和破坏性攻击两类。非破坏性攻击一般是为了扰乱系统的运行,并不盗窃系统资料,通常采用拒绝服务攻击或信息炸弹;破坏性攻击是以侵入他人计算机系统、盗窃系统保密信息、破坏目标系统的数据为目的。

5. 计算机病毒

计算机病毒是能够破坏计算机系统正常运行,具有传染性的计算机程序。利用互联网,计算机病毒的传播速度大大加快,它侵入网络、破坏资源,成为电子商务中主要的安全威胁之一。

(二)商务交易安全威胁

商务交易安全威胁是指传统商务在互联网络上应用时,假设计算机网络是安全的情况下电子商务中所存在的安全隐患问题。例如,传统商务过程存在欺骗问题,在网络上这种欺骗性以网络独有的形式呈现,如买方目前只能通过人为的评分、卖方上传的照片等数据来衡量一次交易的可信度。电子商务过程中,由于买卖双方是通过网络来联系的,甚至彼此远隔千山万水,因而建立交易双方的安全和信任关系相当困难。因此,电子商务交易双方都面临着安全威胁。

1. 卖方面临的安全威胁

(1)竞争者的威胁。恶意竞争者以他人的名义来订购商品,从而了解有关商品的递送状况和货物的库存情况。

(2)商业机密的安全。客户资料被竞争者窃取。

(3)假冒的威胁。不法者建立与销售者服务器名称及内容相同的另一个服务器来假冒销售者,通过虚假订单获取他人的机密数据等。

（4）信用的威胁。买方提交订单后不付款或恶意评价等。

2. 买方面临的安全威胁

（1）虚假订单。一个假冒者可能会使用客户的名字来订购商品，并有可能收到货物，而此时此刻真正的客户却被要求付款或返还商品。

（2）付款后不能收到商品。在要求客户付款后，销售商的内部人员不将订单和钱转发给执行部门，因而使客户收不到商品。

（3）机密性丧失。客户有可能将秘密的个人数据或自己的身份数据发送给冒充销售商的机构，这些信息也可能会在传递过程中被窃取。

（4）拒绝服务。攻击者可能向销售商的服务器发送大量的虚假订单来挤占它的资源，从而使合法用户得不到正常的服务。

实际上，在电子商务中计算机网络安全与商务交易安全是不可分开的，两者相辅相成，缺一不可。如果没有计算机网络安全作为基础，商务交易安全就如空中楼阁，没有基础。而没有商务交易安全的保障，即使计算机网络本身很安全，也是无法满足电子商务特定的安全需求。总而言之，安全方面的问题如果得不到保障，那么任何电子商务活动的开展都将得不到保障。

二、电子商务的安全要求

基于 Internet 的电子商务系统技术不仅可保证买方和卖方在因特网上进行的一切金融交易运作都是真实可靠的，并且使顾客、商家和企业等交易各方都具有绝对的信心，因而电子商务系统必须保证具有十分可靠的安全保密技术。

（1）保密性。指信息在存储、传输和处理过程中，不被他人窃取。

（2）完整性。指确保收到的信息就是对方发送的信息，信息在存储中不被篡改和破坏,保持与原始发送信息的一致性。

(3)信息的不可否认性。指信息的发送方不可否认已经发送的信息,接收方也不可否认已经接收到的信息。

(4)交易者身份的真实性。指交易双方的身份是真实的,不是假冒的。

(5)系统的可靠性。指计算机及网络系统的硬件和软件工作的可靠性。

第二节　电子商务安全协议

一、SSL 协议

安全套接层(Secure Sockets Layer,SSL)协议,是为网络通信提供安全及数据完整性的一种安全协议。SSL 协议在传输层对网络连接进行加密,利用数据加密(Encryption)技术,确保了数据在网络传输过程中不会被截取及窃听。它已被广泛地用于 Web 浏览器与服务器之间的身份认证和加密数据传输。

SSL 协议位于 TCP/IP 模型的传输层和应用层之间。SSL 协议可分为两层:SSL 记录协议(SSL Record Protocol),它建立在可靠的传输协议(如 TCP)之上,为高层协议提供数据封装、压缩、加密等基本功能的支持;SSL 握手协议(SSL Handshake Protocol),它建立在 SSL 记录协议之上,用于在实际的数据传输开始前,通信双方进行身份认证、协商加密算法和交换加密密钥等。

SSL 协议提供的服务主要有以下 3 种。

(1)认证用户和服务器,确保数据发送到正确的客户机和服务器。

(2)加密数据以防止数据中途被窃取。

(3)维护数据的完整性,确保数据在传输过程中不被改变。

SSL采用密码和数字证书实现数据通信的安全性。其基本原理是先用非对称加密传递对称加密所需要的密钥,然后双方用该密钥对称加密和解密往来的数据。对称密钥算法在速度上比非对称密钥算法快得多,非对称密钥算法可以实现更加方便的安全验证。SSL综合利用了这两种方法的优点,SSL用非对称密钥算法使服务器在客户端得到验证,并传递对称密钥,然后再利用对称密钥来实现快速加密和解密文件。

当具有SSL功能的浏览器与Web服务器通信时,其工作过程如下。

(1)浏览器向服务器发出请求,询问对方支持的对称加密算法和非对称加密算法,服务器回应自己支持的算法。

(2)浏览器选择双方都支持的加密算法,并请求服务器出示自己的,数字证书,服务器回应自己的证书。

(3)浏览器随机产生一个用于本次会话的对称加密密钥,并使用服务器证书中附带的公钥对该钥匙进行加密后传递给服务器,服务器为本次会话保持该对称加密的密钥。第三方不知道服务器的私钥,即使截获了数据也无法解密。非对称加密让任何浏览器都可以与服务器进行加密会话。

(4)浏览器使用对称加密的钥匙对请求消息加密后传送给服务器,服务器使用该对称加密的密钥进行解密,服务器使用对称加密的密钥对响应消息加密后传送给浏览器,浏览器使用该对称加密的密钥进行解密。第三方不知道对称加密的密钥,即使截获了数据也无法解密。对称加密提高了加密速度。

SSL协议运行的基础是商家对消费者信息保密的承诺,这就有利于商家而不利于消费者。在电子商务初级阶段,由于运作电子商务的企业大多是信誉较高的大公司,因此这个问题还没有充分暴露出来。但随着电子商务的发展,各中小型公司也参与进来,这样在电子支付过程中的单一认证问题就越来越突出。虽然在 SSL3.0 中通过数字签名和数字证书可实现浏览器和 Web 服务器双方的身份验证,但是 SSL 协议仍存在一些问题,比如,只能提供交易中客户与服务器间的双方认证,在涉及多方的电子交易中,SSL 协议并不能协调各方间的安全传输和信任关系。在这种情况下,Visa 和 MasterCard 两大信用卡公司组织制定了 SET 协议,为网上信用卡支付提供了全球性的标准。

二、SET 协议

为了实现更加完善的即时电子支付,安全电子交易(Secure Electronic Transaction,SET)协议应运而生。SET 协议是由 Visa 和 MasterCard 联合 Netscape、Microsoft 等公司,于 1997 年 6 月 1 日推出的一种新的电子支付模型。SET 协议是应用层的协议,采用公钥密码体制和 X.509 数字证书标准,主要是为解决用户、商家和银行之间通过信用卡的交易而设计,SET 提供了消费者、商家和银行之间的认证,它具有保证交易数据的安全性、完整可靠性和交易的不可抵赖性等优点,成为目前公认的信用卡网上交易的国际标准。

(一)SET 协议的目标

SET 协议是一个基于可信的第三方认证中心的方案,其主要的实现目标如下所示。

(1)防止数据被非法用户窃取,保证信息在互联网上安全传输。

(2)SET 中使用了一种双签名技术保证电子商务参与者信息的相互隔离。客户的资料加密后通过商家到达银行,但是商家不能看到客户的账户和密码信息。

(3)解决多方认证问题。不仅对客户的信用卡认证,而且要对在线商家认证,实现客户、商家和银行间的相互认证。

(4)保证网上交易的实时性,使所有的支付过程都是在线的。

(5)提供一个开放式的标准、规范协议和消息格式。

(二)SET 交易的参与者

1. 持卡人

SET 交易是在开放的 Internet 中进行,交易双方使用信用卡结算,所以在 SET 协议中将购物者称为持卡人。持卡人要参加 SET 交易,首先必须要拥有一台计算机并且能够上网;其次,到发卡银行去申请并取得一套 SET 交易专用的持卡人软件(即电子钱包),并安装在自己的计算机上;最后,向数字证书认证中心申请一张数字证书。

2. 商家

商家要参与 SET 交易,首先要开设网上商店,在网上提供商品或服务;其次网上商店必须集成 SET 交易商户软件,顾客在网上购物时,由网上商店提供服务,购物结束进行支付时,由 SET 交易商户软件进行服务;然后到接收网上支付业务的收单银行申请并且在该银行设立账户;最后同持卡人一样,上网申请一张数字证书。

3. 发卡银行

发卡银行是负责为持卡人建立账户并发放支付卡的金融机构。发卡银行在分理行和当地法规的基础上保证信用卡支付的安全性。

4. 收单银行

收单银行是商家建立账户并处理支付卡认证和支付的金融机构。

5. 支付网关

SET 交易中买卖双方进行交易,必须通过银行进行支付,但由于 SET 交易是在开放的 Internet 上进行,而银行的计算机主机及银行专用网络是不能直接与 Internet 相连的,为了能接收从 Internet 上传来的支付信息,在银行与 Internet 之间必须有一个专用系统,负责接收处理从商家传来的扣款信息,并通过专线传送给银行,银行对支付信息的处理结果再通过这个专用系统反馈给商家。这个专用系统就称为支付网关。

6. 数字证书认证中心(Certificate Authority,CA)

为了保证 SET 交易的安全,SET 协议规定参加交易的各方都必须持有数字证书,在交易过程中,每次交换信息都必须向对方出示自己的数字证书,而且都必须验证对方的数字证书。CA 的主要工作是负责 SET 交易数字证书的发放、更新、废除和建立证书黑名单等各种证书管理。参与 SET 交易的各方(包括持卡人、商家和支付网关)在参加交易前必须到 CA 处申请数字证书,在证书到期时还必须去 CA 处更换一张新的证书。同时,CA 还要随时将已废除的证书列入黑名单,作为交易时验证对方证书的依据。

(三)SET 协议的安全技术

SET 协议通过加密算法以及有关的安全机制来保证电子商务交易所需的各种安全功能。

1. 加密技术

加密方法可分为对称加密体制和公钥加密体制。对称加密体制使用相同的密钥进行加密和解密,最著名的算法是 DES。公钥加密体制又称非对称密码体制,它使用两个密钥,即公有密钥和私有密钥,公钥和私钥之间存在严格的对应性,使用其中一个加密只能用另一个来解密,最著名的算法是 RSA。SET 协议中,发送方将消 i、用 DES 加密,并将 DES 对称密钥用接收方的公钥加密,形成消息数字信封,将数字信封与 DES 加密后的消息一起发送给接收方。接收方收到消息后,先用其私钥打开数字信息,得到发送方的 DES 对称密钥,再用这些对称密钥去解开数据。由于只有用接收方的 RSA 密钥才能够打开此数字信封,这样保证了数据的机密性。

2. 数字签名

在 SET 协议中,数字签名采用 RSA 算法,数据发送方采用自己的私钥加密数据,接收方用发送方的公钥解密。由于公钥和私钥的对应性,保证了发送方不能抵赖发送过的数据,完全模拟了现实生活中的签名。

3. 双重签名

在安全电子交易过程中,持卡人、商家和银行三者之间,持卡人的订单信息和付款指示是互相对应的,商家只有在确认了持卡人的订单信息对应的付款指示是真实有效的情况下,才可能按订单信息发货;同样,银行只有在确认了持卡人的付款指示对应的订单信息是真实有效的情况下,才可能按商家要求进行支付授权。因此,订单信息和付款指示必须捆绑在一起发送给商家和银行。

为了预防商家在验证持卡人付款指示时盗用持卡人的信用卡账号等信息,以及银行在验证持卡人订单信息时跟踪持卡人的交易活动(侵犯持卡人的隐私),在 SET 协议中采用了双重签名技术,它是 SET 协议推出的数字签名的新应用。持卡人不想让银行看到订单信息,也不想让商家看到付款指示信息。但是,购买请求报文中的购买订单信息和付款指示信息又不能分开。一个双重签名是通过计算两个消息的消息摘要产生的,并将两个摘要连接在一起,用持卡人的私有密钥对消息摘要加密。

4. 消息摘要

消息摘要是一个唯一对应一个消息的值,由一个单向散列函数对消息作用而产生,消息变化,该值也发生变化。用发送者的私钥加密摘要附在原文后面,一般称为消息的"数字签名"。如果消息在传输过程中被篡改,接收者通过对收到消息的新产生的摘要与原摘要比较,就可知道消息是否被改变了。因此消息摘要保证了消息的完整性。

(四)SET 工作原理说明

SET 协议工作原理如图 7 – 1 所示。

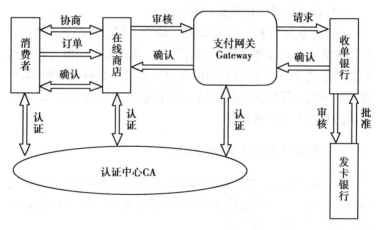

图 7 – 1　SET 协议工作原理

SET 协议具体工作流程如下。

(1)持卡人通过浏览器选择在线商店里自己需要的商品,放入购物车。

(2)持卡人填写订单信息,并选择支付方式。

(3)持卡人将订单信息和支付信息发送给商家,这里订单信息和支付指令由消费者进行数字签名,同时利用双重签名技术保证商家看不到消费者的账号信息及银行看不到消费者的订单信息。

(4)商家接收订单量信息后,与支付网关进行通信,请求授权认证。

(5)支付网关通过收单银行向持卡人的发卡银行请求进行支付确认。

(6)发卡银行同意支付,将确认信息通过支付网关返回给商家。

(7)商家发送订单确认信息给持卡人,持卡人端软件可记录交易日志,以供将来查询。

(8)商家发送货物或提供服务。

(9)商家向持卡人的发卡银行请求支付,即实现支付获取和完成清算。在处理过程中,通信协议、请求信息的格式和数据类型的定义等,SET 都有明确的规定。在操作的每一步中,消费者、商家和支付网关都通过 CA 来验证通信主体的身份,以确保通信的双方不是冒名顶替。

三、SSL 协议和 SET 协议的比较

SSL 和 SET 两种协议都能应用于电子商务中,通过认证进行身份的识别,对传输数据的加密实现保密。但 SSL 协议和 SET 协议存在明显的差异。

(一)认证要求

SSL 协议中只有商家服务器的认证是必需的,客户端认证是可选的。SET 协议的认证要求较高,所有参与 SET 交易的成员都必须申请数字证书,并解决了客户与银行、客户与商家、商家与银行之间的多方认证问题。

(二)网络协议层的位置和功能

SSL 协议位于传输层与应用层之间,可以很好地封装应用

层数据,不能改变位于应用层的程序,对用户是透明的。SET 协议位于应用层,认证体系十分完善,能实现多方认证。

(三)布署与应用

SSL 协议已被浏览器和 Web 服务器内置,无须安装专门软件,使其在电子商务各种模式及其他领域中应用广泛。而 SET 协议中客户端需要安装专门的电子钱包软件,在商家和银行的服务器上也需要安装相应的软件,而且要求各方发放证书,从而使 SET 协议部署成本相对较高,在实际应用中具有一定的局限性。

(四)安全

SSL 协议虽然采用了公钥加密和消息摘要等技术,可以提供机密性、完整性和一定程度的身份验证功能,但缺乏一套完整的认证体系,不能提供完备的电子商务交易防抵赖功能。SET 协议由于采用了非对称加密、消息摘要和数字签名等技术,可以确保信息的机密性、认证性、完整性和不可否认性,特别是 SET 协议采用了双重签名技术保证了各参与方信息相互隔离,使商家只能看到持卡人的订单信息,而银行只能取得持卡人的信用卡信息。总而言之,SET 协议的安全性远比 SSL 协议高。

(五)购物过程风险责任归属

SSL 协议虽然使用方便,但风险大,黑客易侵入,风险由消费者及商家承担。SET 协议虽然交易过程复杂,处理效率低,但身份确认、交易安全、资料完整和交易抗否认等安全性能高,风险责任归属相关认证组织。

第三节 电子商务安全技术

一、防火墙技术

防火墙是一种形象的说法,其实它是一种由软件和计算机硬件设备组合而成的一个或一组系统,用于增强内部网络和外部网络之间、专用网与公共网之间的访问控制。防火墙系统决定了哪些内部服务可以被外界访问,外界的哪些人可以访问内部的哪些可访问的服务,内部人员可以访问哪些外部服务等。设立防火墙后,所有来自和去向外界的信息都必须经过防火墙,接受防火墙的检查。因此,防火墙是网络之间一种特殊的访问控制,是一种保护屏障,从而保护内部网免受非法用户的侵入。如图7-2所示防火墙在网络中的位置。

图7-2　防火墙在网络中示意图

防火墙的主要技术包括分组过滤技术、代理服务器技术和状态检测技术。

分组过滤技术是最早的防火墙技术,它根据数据分组头的信息来确定是否允许该分组通过,为此要求用户制定过滤规则。这种技术基于网络层和传输层,是一种简单的安全性措施,但不能过滤应用层的攻击行为。目前的防火墙主要是根据分组的

IP 源地址、IP 目标地址、源端口号、目标端口号以及协议类型进行过滤。

代理服务器技术是应用层的技术，它用代理服务器来代替内部网用户接收外部的数据，取出应用层的信息并经过检查后，再建立一条新的会话连接将数据转交给内部网用户主机。由于内部主机与外部主机不进行直接的通信连接，而是通过防火墙的应用层进行转交，所以可以较好地保证安全性。但是它要求应用层数据中不包含加密、压缩的数据，否则应用层的代理就很难实现安全检测。

状态检测技术是基于会话层的技术，它对外部的连接和通信行为进行状态检测，阻止可能具有攻击性的行为，从而抵御网络攻击。新型防火墙产品中还增加了计算机病毒检测和防护技术、垃圾邮件过滤技术、Web 过滤技术等。随着网络上攻击行为的变化，用户对防火墙也不断提出新的要求。

二、虚拟专用网技术

虚拟专用网（Virtual Private Network，VPN）技术（图 7 - 3）是一种在公用互联网络上构造企业专用网络的技术。通过 VPN 技术，可以实现企业不同网络的组件和资源之间的相互连接，它能够利用 Internet 或其他公共互联网络的基础设施为用户创建隧道，并提供与专用网络一样的安全和功能保障。虚拟专用网络允许远程通信方、销售人员或企业分支机构使用 Internet 等公共互联网络的路由基础设计，以安全的方式与位于企业内部网内的服务器建立连接。VPN 对用户端透明，用户好像使用一条专用路线在客户计算机和企业服务器之间建立点对点连接，进行数据的传输。

三、反病毒技术

早在 1949 年，计算机的先驱者冯·诺依曼在他的论文《复

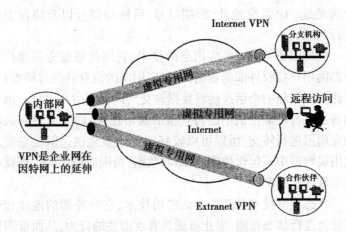

图7-3 虚拟专用网技术原理

杂自动机组织论》中提出,计算机程序能够在内存中自我复制,即把病毒程序的特征勾勒出来,但在当时,绝大部分的计算机专家都无法想象这种会自我繁殖的程序。计算机病毒是指编制或者在计算机正常程序中插入的破坏计算机功能或者毁坏数据以影响计算机使用,并能自我复制的一组计算机指令或者程序代码。计算机病毒的防治要从防毒、查毒、解毒3个方面进行。

四、入侵检测技术

防火墙是一种隔离控制技术,一旦入侵者进入了系统,他们便不受任何阻挡。它不能主动检测和分析网络内外的危险行为,捕捉侵入罪证。而入侵检测系统能够监视和跟踪系统、事件、安全记录和系统日志以及网络中的数据包,识别出任何不希望进行的活动,在入侵者对系统产生危害前,检测到入侵攻击,并利用报警与防护系统进行报警、阻断等响应。入侵检测系统从计算机网络系统中的关键点收集信息,并分析这些信息,利用模式匹配或异常检测技术来检查网络是否有违反策略的行为和遭到袭击的迹象,是对防火墙的合理补充。入侵检测系统一般由控制中心和探测引擎两部分组成。

入侵检测系统模型根据信息源的不同,分为基于主机的入侵检测系统和基于网络的入侵检测系统两大类。

(1)基于主机的入侵检测系统的数据源是所在主机的系统日志、应用程序日志或以其他手段从所在主机收集的信息等,主机型入侵检测系统保护的一般是所在的主机系统。

(2)基于网络的入侵检测系统的数据源是网络上的数据包。通过监听网络中的分组数据包来获得分析攻击的数据源。它通常使用报文的模式匹配或模式匹配序列来定义规则,检测时将监听到的报文与规则相比较,根据比较的结果来判断是否有非正常的网络行为。一般网络型入侵检测系统担负着保护整个网段的任务。

入侵检测技术可分为特征检测和异常检测。

(1)特征检测。这一检测假设入侵者活动可以用一种模式来表示,系统的目标是检测主体活动是否符合这些模式。它可以将已有的入侵方法检查出来,但对新的入侵方法无能为力。其难点在于如何设计既能够表达“入侵”现象又不会将正常的活动包含进来的模式。

(2)异常检测。假设入侵者活动异于正常主体的活动,根据这一理念建立主体正常活动的“活动简档”,将当前主体的活动状况与“活动简档”相比较,当违反其统计规律时,认为该活动可能是“入侵”行为。异常检测的难题在于如何建立“活动简档”以及如何设计统计算法,从而不把正常的操作作为“入侵”或忽略真正的“入侵”行为。

五、加密技术

在密码学中,原始消息称为明文,加密结果称为密文。数据加密和解密是逆过程,加密是用加密算法和加密密钥,将明文变换成密文;解密是用解密算法和解密密钥将密文还原成明文。加密技术包括两个要素:算法和密钥。数据加密是保护数据传输安全唯一实用的方法和保证存储数据安全有效的方法。早在公元前 50 年,古罗马的恺撒在高卢战争中就采用过加密方法。这里用最简单的恺撒密码来说明一个加密系统的构成。它的原理是把每个英文字母向前推 x 位,如 x = 3,即字母 a、b、c、d……x、y、z 分别变为 d、e、f、g……a、b、c。例如要发送的明文为 Caesarwasagreatsolider,则对应的密文为 Fdhvduzdvdjuhdwvroglhu。这个简单的例子说明了加密技术的构成:明文被 character + 3 算法转换成密文,解密的算法是反函数 character − 3,其中,算法为 character + x,x 是起密钥作用的变量,此处 x 是 3。

对称密钥也称私钥、单钥或专有密钥,在这种技术中,加密方和解密方使用同一种加密算法和同一个密钥,图 7 − 4 所示为对称密钥加密过程。对称密钥加密技术特点是数据加密标准,速度较快,适用于加密大量数据的场合。

对称加密的算法是公开的,在前面的例子中,可以把算法 character + x 告诉所有要交换信息的对方,但要对每个消息使用不同的密钥,某一天这个密钥可能是 3,而第 2 天则可能是 9。交换信息的双方采用相同的算法和同一个密钥,这将简化加密解密的处理。加密解密速度快是对称加密技术的最大优势,但双方要交换密钥,密钥管理困难是一个很大的问题,因此,密钥必须与加密的消息分开保存,并秘密发送给接收者。如果能够确保密钥在交换阶段未曾泄露,那么机密性和报文完整性就可以通过对称加密方法来实现。

目前,最具代表性的对称密钥加密算法是 DES。DES 算法是 IBM 公司研制的,被美国国家标准局和国家安全局选为数据加密标准并于 1977 年颁布使用,后被国际标准化组织认定为数

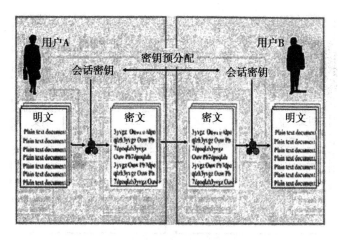

图7-4 对称密钥加密过程

据加密的国际标准。DES 算法使用的密钥长度为 64 位。

非对称密钥加密技术也称为公开密钥加密技术,是由安全问题专家 Witefield Diffre 和 Martin Heilman 于 1976 年首次提出的。这种技术需要使用一对密钥来分别完成加密和解密操作,每个用户都有一对密钥,即一个私钥(Private Key)和一个公钥(Public Key),它们在数学上相关、在功能上不同。私钥由所有者秘密持有,而公钥则由所有者给出或者张贴在可以自由获取的公钥服务器上,就像用户的姓名、电话、E-mail 地址一样向他人公开。如果其他用户希望与该用户通信,就可以使用该用户公开的密钥进行加密,而只有该用户才能用自己的私钥解开此密文。当然,用户的私钥不能透露给自己不信任的任何人。

非对称密钥加密技术的过程如图 7-5 所示,用户生成一对密钥并将其中的一个作为公钥向其他用户公开,发送方使用该用户的公钥对信息进行加密后发送给接收方,接收方利用自己保存的私钥对加密信息进行解密,接收方只能用自己的私钥解密由其公钥加密后的信息。

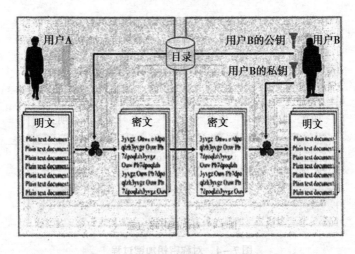

图7-5 非对称密钥加密技术的过程

目前,最著名的公钥加密算法是 RSA,其加密强度很高,安全性是基于分解大整数的难度,即将两个大的质数合成一个大数很容易,而相反的过程非常困难。公开密钥算法计算上的复杂性,使得它的加密或解密效率大大低于对称密钥算法,所以公钥加密技术不用来加密大的文件,而是联合使用对称密钥加密技术和公开密钥加密技术进行更有效更快捷的加密。例如,用户 A 生成一个一次性的对称密钥并用它对文件加密,然后使用用户 B 的公钥对一次性的对称密钥加密,将经过加密的对称密钥和文件发送给用户 B。用户 B 利用自己的私钥解密对称密钥,然后用对称密钥解密文件,这种方式也称为数字信封,如图7-6所示。

六、认证技术

认证(Authentication)又称鉴别,是验证通信对象是原定者而不是冒名顶替者,或者确认消息是希望的而不是伪造的或被

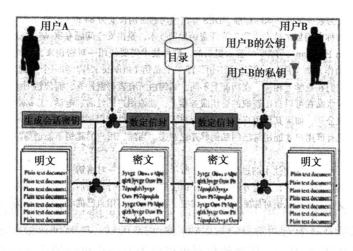

图7-6 数字信封

篡改过的。数据加密能够解决网络通信中的信息保密问题,但是不能够验证网络通信对方身份的真实性。因此,数据加密仅解决了网络安全问题的一半,另一半需要安全认证技术解决。

(一)消息认证

消息认证是用来验证接收的消息是否是它所声称的实体发来的,消息是否被篡改、插入和删除过,同时还可用来验证消息的顺序性和时间性。没有消息认证的通信系统是极为危险的,如图7-7所示,消息认证用于抗击主动攻击。

(二)身份认证

身份认证是声称者向验证者出示自己的身份的证明过程,证实客户的真实身份与其所声称的身份是否相符。身份认证又称身份鉴别、实体认证和身份识别。在电子商务活动中,身份认证是保证双方交易得以安全可靠实施的前提。

目前,有很多身份认证的方法,从认证需要使用的条件来看,可以分为单因子认证和双因子认证。单因子认证仅使用一

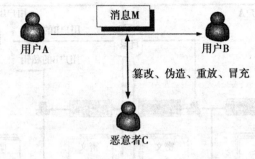

图7-7 消息认证

种条件来判断用户的身份,双因子认证通过组合两种不同条件来证明一个人的身份。按是否使用硬件可以分为软件认证和硬件认证;按是否采用密钥机制可以分为非密钥机制的认证和基于密钥机制的认证;按认证信息可以分为静态认证和动态认证。身份认证技术的发展,经历了从软件认证到硬件认证,从单因子认证到双因子认证,从静态认证到动态认证的过程。

身份认证一般基于客户拥有什么,如令牌、智能卡或者 ID卡,客户知道什么,如静态密码,客户有什么特征,如指纹、虹膜和脑电波等。常见身份认证技术包括:口令认证、IC 卡认证、USB Key 认证和生物特征认证等。随着网络和黑客技术的发展,静态口令认证已经被证明是不安全的,静态的密码方案不能抵御截取/重放攻击、字典攻击,且密码容易忘记,所以,其安全性是很低的,不能满足电子商务中身份认证的要求。目前,一些较成熟的身份认证技术,基本上采用硬件来实现,如 IC 卡和USB Key 认证技术等。

1. 静态口令认证

静态口令认证是最早也是最简单的口令认证技术,因其实现简单,至今仍是使用最广泛的一种方案,特别是针对那些安全性要求不高的应用场合,如论坛、电子信箱等。其基本原理是:

用户在注册阶段生成用户名和口令,被访问的系统将所有合法用户名和口令保存在口令文件或数据库中。当用户登录系统时,将自己的用户名和口令上传给服务器,服务器从口令文件或数据库中取出相应的用户名和口令与登录者提供的用户名和口令相比较,两者匹配则认定用户是合法的。目前公司和个人受到网络攻击的主要原因是静态密码管理不善。大多数用户使用的密码很多是字典中可查到的普通单词、姓名或者其他简单的密码,据统计有 86% 的用户在所有网站上使用的都是同一个密码或者有限的几个密码。例如 2011 年 12 月,CSDN 的安全系统遭到黑客攻击,600 万用户的登录名、密码及邮箱遭到泄露。黑客在获取了 CSDN 的用户登录名和密码后,然后尝试登录注册邮箱,再利用密码取回功能得到了该用户的其他关联网站的账号和密码。

2. 动态口令认证

动态口令(Dynamic Password)也称一次性口令(One-time Password)。动态口令是变动的口令,其变动来源于产生口令的运算因子是变化的。动态口令的产生因子采用双运算因子,一是用户的私有密钥,代表用户身份的识别码,是固定不变的;二是变动因子,通过变动因子的变化产生变动的动态口令。其工作原理是:在用户登录过程中,基于用户口令加入不确定因子,对用户口令和不确定的因子进行单向散列函数变换,所得的结果作为认证数据提交给认证服务器。认证服务器接收到用户数据后,把用户的认证数据和自己用同样的散列算法计算的数值进行比较,从而实现用户身份的认证。

3. IC 卡认证

通常,1C 代表集成电路(Integrated Circuit),因此 IC 卡可称为集成电路卡。IC 卡也可以是智能卡的缩写(Intelligent Card),按 ISO 7816 定义,IC 卡是在特定的材料制成的塑料卡片中嵌入微处理器和存储器等 IC 芯片的数据卡。IC 卡存储用户个人的秘密信息,在验证服务器中也存放该秘密信息。进行认证时,经过 IC 卡个人身份鉴别,例如,通过输入个人识别号(Personal Identification Number,PIN),IC 卡认证 PIN 成功后,即可读出 IC 卡中的秘密信息,进而利用该秘密信息与认证服务器之间进行认证。

4. USB Key 认证

USB Key 是一种 USB 接口的硬件设备。它内置单片机或智能卡芯片,有一定的存储空间,可以存储用户的代表用户唯一身份的数字证书以及私钥,利用 USB Key 内置的公钥算法实现对用户身份的认证。用户私钥保存在密码锁中,理论上使用任何方式都无法读取。目前国内几大商业银行,如工商银行、农业银行和交通银行等都采用了 USB Key 方案。网络黑客即使知道了客户的登录密码和支付密码,但如果没有 USB Key,黑客还是不能够从你的账户转出资金,故这种身份认证方式可以很好地避免账号、密码被盗等可能出现的风险。USB Key 方案的优点是安全性很强。目前,中国工商银行的 USB Key 产品为"U盾",为防范网上支付风险,推动电子商务产业发展,中国工商银行与阿里巴巴旗下支付宝开展合作,共同推出了数字证书共享项目。客户将工行 U 盾与支付宝账号绑定后,必须插入工行 U 盾登录支付宝方可进行支付货款、提现和充值等操作。客户不使用工行 U 盾登录支付宝,只能进行查询类操作。因此,支付宝客户只需绑定工行 U 盾,即便不小心泄露了账号、密码,只要工行 U 盾在手,依然可以保证账户资金安全。

5. 生物特征认证

生物特征认证是指通过自动化技术利用人体的生理特征和行为特征进行身份鉴定。目前利用生理特征进行生物认证的主要方法有:指纹识别、虹膜识别、手掌识别、视网膜识别和脸相识别等。利用行为特征进行认证的主要方法有:声音识别、笔迹识别和击键识别等。另外,还有许多新兴的技术,如耳朵识别、人体气味识别等。随着现代生物技术的发展,尤其是人类基因组研究的重大突破,研究人员认为 DNA 识别技术将是未来生物认证的主流。生物认证的核心在于如何获取这些生物特征并转换为数字信息和存储在计算机中,以及利用可靠的匹配算法来完成验证与识别个人身份。由于人体生物特征具有人体所固有的不可复制的唯一性,使得生物认证方法可以不依赖于各种人造的和附加的物品来证明自己的身份,而用来证明自身的恰恰是人本身,这些生物密钥不会丢失、不会遗忘,很难伪造和假冒,因此采用生物认证具有更强的安全性与方便性。

七、数字签名

书信或者文件是根据亲笔签名或盖章来证明其真实性,在计算机网络中传送的文件以及电子邮件通过数字签名来模拟现实中的签名效果。数字签名并非是书面签名的数字图像化。数字签名,就是通过加密算法生成一系列符号及代码组成电子密码进行签名。用户采用自己的私钥对信息加以处理,由于密钥仅为本人所有,这样就产生了别人无法生成的文件,也就形成了数字签名,以保证信息传输过程中信息的完整性、真实性和不可抵赖性。使用数字签名和传统签名的目的是一致的。

(1)保证信息是由签名者自己签名发送的,签名者不能否认或难以否认。

(2)接收方可以验证信息自签发后到收到为止未曾做过任何修改,签发的文件是真实文件。

实现数字签名的方法很多,目前的数字签名技术主要采用公开密钥加密技术,如 RSA 签名、DSS（Digital Signature Standard)签名和 Hash 签名等。它是公开密钥加密技术的一种应用。

密钥由公钥和私钥组成密钥对,用私钥加密,用公钥解密。从公钥无法推算出私钥,因此,公开的密钥并不会损害私钥的安全。公钥无须保密,而私钥必须保密,丢失时需要报告鉴定中心。公开密钥加密的过程如下。

(1)接收方公开发布公钥。

(2)发送方用接收方的公钥加密明文得到密文并传送给接收方。

(3)接收方用不公开的私钥对该密文解密。

运用这种公钥加密方法加密传输数据,即使第三者得到接收方的公钥,也无法对截获的密文进行解密,因为没有接收方的私钥。由于无法知道接收方的私钥,即使发送方也无法解密,这就解决了保密的问题。另一方面由于每个人都知道接收方的公钥,他们都可以给接收方发信,那么接收方就无法确认是否来自发送方,这种情况就要通过验证手段来证明该文件是否由发送方发送。

最简单的数字签名就是发送方将整个消息用自己的私钥加密,接收方用发送方的公钥解密,解密成功后就可验证确实是发送方的签名。但这种方法的缺点是被签名的文件或消息可能过长,而加密运算速度慢,将整个消息都用私钥加密,会消耗很多时间而不可行。在实际运行中,一般是先对消息用散列函数求消息摘要(散列值),然后发送方用私钥加密该散列值,这个被发送方私钥加密的散列值就是数字签名,将其附在文件后,一起发送给接收方,可以让其验证签名。接收方先用签名者的公钥解密数字签名,然后将提取到的散列值与自己计算该文件的散列值比较,如果相同就表明该签名是有效的。整个过程如图7-8所示。

这样攻击者虽然能截取消息,但不能修改内容,因为别的消息的散列值和该消息的散列值是不同的,接收方能通过验证签

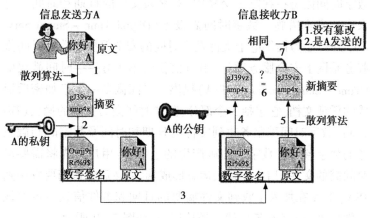

图7-8　数字签名

名鉴别。

　　在图7-8所示的数字签名方案中,消息以明文形式传输,无法实现消息的保密性。如果对消息有保密性要求,可结合采用数字信封。数字信封用加密技术来保证只有规定的特定收信人才能阅读信的内容,它结合了对称加密体制和非对称加密体制各自的特点。在数字信封中,信息发送方采用对称密钥来加密信息,然后将此对称密钥用接收方的公开密钥来加密(这部分称为数字信封)之后,将它与信息一起发送给接收方,接收方先用相应的私有密钥打开数字信封,得到对称密钥,然后使用对称密钥解开信息。将数字签名技术和数字信封技术结合在一起,实现了带有保密性要求的数字签名。

　　根据电子商务的应用需要,数字签名的应用方式也随之变化,如数字时间戳、盲签名等。

(一)数字时间戳

　　交易文件中,时间是十分重要的信息。在书面合同中,文件签署的日期和签名一样重要,是防止文件被伪造和篡改的关键。

数字时间戳是指在电子交易中,对交易文件的日期和时间信息采取的安全措施。数字时间戳服务(Digital Time - Stamp Service,DTS)是为提供电子文件发表时间的安全保护。数字时间戳服务是网上安全服务项目,由可信任的第 3 方——时间戳权威(Time - Stamp Authority,TSA)提供。时间戳是一个经加密后形成的凭证文档,它包括 3 个部分:需加时间戳的文本的摘要(Digest)、数字时间戳服务收到文件的日期和时间及数字时间戳服务的数字签名。数字时间戳产生的过程为:用户首先将需要加时间戳的文件用 Hash 算法运算形成摘要,然后将该摘要发送到 TSA。TSA 在加入了收到文件摘要的日期和事件信息后再对该文件加密(数字签名),然后送达用户,如图 7 - 9 所示。

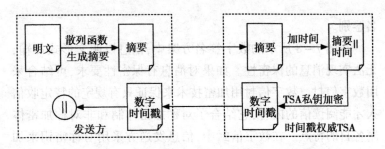

图 7 - 9　数字时间戳

(二)盲签名

1982 年 D. Chaum 首先提出了盲签名的概念。盲签名是 1 种特殊类型的数字签名,它是一个双方协议。盲签名与一般数字签名不同之处在于,签名者并不知道他所要签发文件的具体内容。D. Chaum 曾给出了关于盲签名更直观的说明:所谓盲签名,就是签名前先把文件放入 1 个带有复写纸的信封(盲化),签名人直接在信封上签名,透过复写纸写到文件上。在这个过程中信封没有打开,所以无法了解文件的真实内容。事后文件持有者打开信封(脱盲),得到签名者关于原消息的签名。

下面举个实际中的例子说明盲签名的使用。在网上购买商品或服务已经是目前流行的消费手段,消费者要向供应商(由银行)付款,他们发出包含有他的银行账号或者花费金额等方面的信息,由银行做出(电子)签名才能生效,但付款金额之类的信息又不希望泄露给签名者,以保证自己的隐私和使用安全。盲签名方案的工作原理是这样的:消费者有消费信息 m 需要银行签署,但不需要让银行知道消息 m 的内容。消费者用他的安全通信软件生成一个盲因子,将消息 m 盲化为发给银行系统,这样,银行收到的是被盲因子所"遮蔽"的值 m',并且它不可能从 m' 中获取有关 m 的信息。接着,银行系统生成针对 m' 的签名 σ' 并把它发给消费者,消费者接收到 σ' 之后,通过某种合适的运算去除盲因子而获得真正的针对消息 m 的签名 σ。

可见,运用盲签名方案,消费者无法代替或冒充银行的签名,而银行则不知道他自己所签署的消息的真实内容。

盲签名技术自从首次提出后,除了应用于电子支付,在电子选举和电子拍卖等领域也有重要的应用。

八、数字证书与 PKI 技术

(一)数字证书

数字证书(又称为公钥证书、公钥数字证书)简称证书,是一个经证书认证机构数字签名的包含用户身份信息以及公开密钥信息的电子文件。其常用的证书文件扩展名为.cer。通俗地讲,数字证书就是个人或单位在互联网上的身份证。数字证书用来证明一些关键信息,主要证明用户与用户持有的公钥之间的关联性。在网上交易中,若双方出示了各自的数字证书,并用它来进行交易操作,那么双方都可不必为对方的身份真伪担心。日常生活中的身份证是由公安局签发的,同样,数字证书也需要由一个可信任的实体进行签发,签发数字证书的权威机构称为

CA 机构,又称证书授权中心,CA 可以为用户、计算机或服务等各类实体颁发证书。

数字证书颁发过程(图 7-10):首先,用户产生自己的密钥对,将公共密钥及部分个人身份信息用 CA 公钥加密后送传给 CA。CA 在核实身份后,将执行一些必要的步骤,以确信请求确实由用户发送而来。然后,CA 用自己的私钥对用户的公钥和身份 ID 的混合体进行签名,将签名信息附在公钥和身份 ID 等信息后,从而生成一张数字证书。最后,CA 将数字证书发给用户,同时负责将证书发布到相应的目录服务器上,以供其他用户查询和获取。该证书内包含用户的个人信息和他的公钥信息,同时还附有 CA 的签名信息。用户就可以使用自己的数字证书进行相关的各种活动。数字证书由独立的证书发行机构发布,数字证书各不相同,每种证书可提供不同级别的可信度。

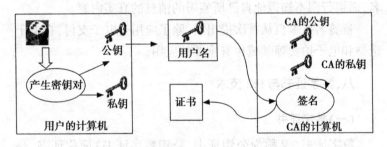

图 7-10　数字证书颁发过程

由于用户的身份信息和用户的公钥被捆绑在一起,被 CA 用其私钥计算数字签名。CA 的私钥除了 CA 外其他人都不知道,因此除 CA 外的任何人都无法修改主体的身份信息和公钥的捆绑体。这样,数字证书就建立了主体与公钥之间的关联。

目前,数字证书的内部格式一般采用 X.509 国际标准,一个标准的 X.509 数字证书包含内容如图 7-11 所示。

在 Windows 环境下,可以通过 IE 查看已经安装的数字证书

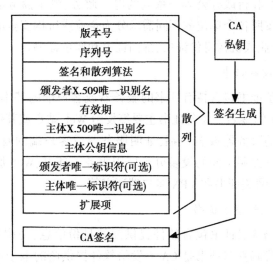

图 7 – 11 X.509 数字证书

信息。

数字证书主要有以下 4 种类型。

1. 个人证书

个人证书包含证书持有者个人的基本信息、公钥及 CA 的签名。用户使用此证书在网络通信中用来标识证书持有人的电子身份,用来保证信息在互联网传输过程中的安全性和完整性。个人证书按照个人的不同需求分为个人安全电子邮件证书和个人身份证书。使用安全电子邮件证书的用户可以收发用数字签名加密的邮件。使用个人身份证书的用户可以在网上进行交易、在线支付等活动。

2. 单位证书

单位证书包含证书持有单位的基本信息、公钥及 CA 的签名。单位证书签发给独立的单位和组织,在互联网上证明该单位和组织的身份。单位证书可以应用于工商、税务、金融、社保、政府采购和行政办公等一系列的电子政务、电子商务活动。单位证书按照各个单位的不同需求分为企业或机构安全电子邮件证书、企业或机构身份证书、部门证书和职位证书。

3. 设备证书

设备证书包含持有证书的服务器或客户端的基本信息、公钥及 CA 的签名。设备证书主要签发给 Web 站点或其他需要安全鉴别的服务器或客户端,证明服务器或客户端的身份信息。设备证书按照不同的设备分为应用服务器证书、Web 服务器证书、VPN 网关证书和 VPN 客户端证书等。

4. 代码签名证书

代码签名证书包含软件提供商的身份信息、公钥及 CA 的签名。代码签名证书是 CA 签发给软件提供商的电子证书。代码签名技术可以有效地防范软件被仿冒和篡改的风险,使用户免遭病毒与黑客程序的侵扰,可以有效地进行软件网上发布认证,为软件的完整性提供可靠的保障。代码签名证书按照不同的应用范围分为个人代码签名证书和企业代码签名证书。

(二)CA 认证中心

CA 认证中心承担网上安全电子交易的认证服务,主要负责产生、分配并管理用户的数字证书。数字证书的作用是证明证书中列出的用户合法拥有证书中列出的公开密钥。创建证书的时候,CA 系统首先获取用户的请求信息,其中包括用户公钥,CA 根据用户的请求信息产生证书,并用自己的私钥对证书进行签名。其他用户、应用程序或实体使用 CA 的公钥对证书进行验证。

1. CA 认证中心的功能

(1)颁发证书。认证中心接收、验证用户(包括下级认证中心和最终用户)的数字证书的申请,将申请的内容进行备案,并根据申请的内容确定是否受理该数字证书申请。如果中心接受该数字证书申请,则进一步确定给用户颁发何种类型的证书。新证书用认证中心的私钥签名以后,发送到目录服务器供用户下载和查询。为了保证消息的完整性,返回给用户的所有应答信息都要使用认证中心的签名。

(2)撤销证书。用户证书需要申请撤销时,用户向认证中心提出证书撤销请求,认证中心根据用户的请求确定是否将该证书撤销。CA 将已经撤销的证书记录在表里,这张表称为证书作废列表(Certificate Revocation List,CRL),CRL 列表记录着所有被撤销的证书编号、撤销日期以及原因等。

(3)证书更新。当用户私钥泄露或证书的有效期快到时,用户应申请更新私钥。这时用户可以申请更新证书,并吊销原来的证书。证书更新的操作步骤与申请颁发证书类似。

(4)证书的归档。证书具有一定的有效期,证书过了有效期之后不能简单地删除,因为有时可能需要验证以前的某个交易过程中产生的数字签名,这就需要对过期的证书归档,归档的证书存放在指定数据库中。认证中心具备管理过期证书和过期密钥的功能。

2. CA 认证中心组织框架

一个典型的 CA 系统包括 RA 注册机构、CA 服务器、安全服务器和数字证书库等。

RA 注册机构:主要负责接收注册信息、审核用户身份等,帮助证书机构完成某些日常工作。

安全服务器:安全服务器面向普通用户提供安全服务,以保证证书申请和传输过程中信息的安全。

CA 服务器:负责证书的签发,为操作员、安全服务器以及 RA 注册机构服务器等生成数字证书。

数字证书库:CA 颁发和撤销的证书的集中存放地,供网上用户下载或查询证书。数字证书库通过目录技术实现网络服务,常用的目录技术是轻型目录访问协议(Lightweight Directory Access Protocol,LDAP)。LDAP 目录系统能够支持大量用户的同时访问。

3. 国内 CA 中心

国内的认证机构可分为 3 类:行业性 CA、区域性 CA 和商业性 CA,主要有中国金融认证中心、中国电信认证中心、上海市电子商务安全证书管理中心和北京数字证书认证中心等。

4. CA 信任模型

CA 信任模型提供了建立和管理信任关系的框架,信任模型建立的目的是确保一个认证机构所颁发的证书能够为另一个认证机构的用户所信任。按照有无第三方可信机构参与,信任可划分为直接信任和第三方的推荐信任。第三方推荐信任是指两个实体以前没有建立起信任关系,但双方与共同的第三方有信任关系,第三方为两者的可信任性进行了担保,由此建立信任关系,第三方的推荐信任是目前网络安全中普遍采用的信任模式。

(1) CA 层次结构模型。随着 PKI(公钥基础设施)规模的增大,CA 要有效追踪它所认证的所有实体的身份就会变得困难。随着证书数量的增加,一个单一的认证机构可能会变成认证过程的瓶颈。采用认证层次结构是解决问题的办法。

在层次结构中,CA 将它的权利授予一个或多个子 CA,如图 7 - 12 所示。这些 CA 再次依次指派它们的子 CA,这个过程将遍历整个层次结构,直到某个 CA 实际颁发了某一证书。可将这个 CA 层次结构看成一个大企业。

(2)交叉认证模型。交叉认证(图 7 - 13)是把以前无关的 CA 连接到一起的认证机制。当两者隶属于不同的 CA 时,可以通过信任传递的机制来完成两者信任关系的建立。CA 签发交叉认证证书是为了形成非层次的信任路径。

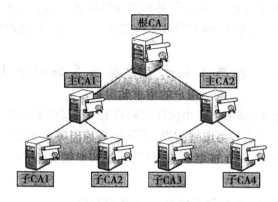

图 7-12 CA 层次结构模型

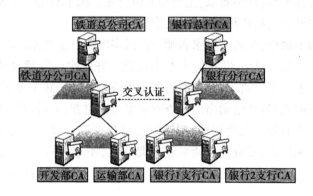

图 7-13 交叉认证模型

(三)PKI 技术

公钥基础设施(Public Key Infrastructure, PKI)是一种遵循既定标准的密钥管理平台,它能够为所有网络应用提供加密和数字签名等密码服务及所必需的密钥和证书管理体系。简单地说,PKI 就是利用公钥理论和技术建立的提供安全服务的基础设施。CA 认证中心作为证书的签发机构,它是 PKI 的核心,是 PKI 应用中权威的、可信任的、公正的第三方机构。PKI 提供良好的应用接口系统,为各种各样的应用提供与 PKI 交互安全、一致、可信任的方式,确保网络环境安全可靠,并降低管理成本。

第四节　农产品电子商务的交易如何防止受骗

接下来,结合以往小伙伴们的被骗经历说说如何识别被骗。

新手卖家如何识别防骗,不管你是买家还是卖家。不管你是虚拟还是实物,都不要轻易打开别人给你的链接! 骗术大揭秘!

1. 骗术:只拍货不付款,然后威胁行骗

目标人群:新手卖家,主要是充值行业。骗子利用新手卖家对淘宝网的交易流程等不懂,实施诈骗。

骗术揭秘:在新手卖家店铺一次或多次拍下上百元,或者上千元的 Q 币或者手机充值卡并不付款。并一次次发消息或者打电话催卖家发货,卖家不发货并以投诉差评威胁新手卖家。

破解骗术:在已卖出宝贝查看卖家是否付款,如订单显示卖家已付款有蓝色发货按钮,则买家已付款可以发货。如是显示等待买家付款,却催你发货的肯定是骗子,不要发货,直接告诉他系统自动充值只有付款后系统会自动发货。骗子自然知难而退。

2. 骗术:发其他自动发货店链接,让您帮他购买

目标人群:新手,粗心卖家。买家拍下很多的充值卡之后和你聊天,骗取你的信任,你刚好没有 2 000 元的充值卡,买家就给你发来一个自动发货的店铺的链接,让你买过来再卖给他。非说自己已经给你付款,结果你是新手不懂就买了 2 000 元的充值卡。在以为买家付款的情况下发了过去。

骗术揭秘与破招:买家如果给你其他店铺的链接让你帮他购买,100% 是骗子。这样的骗子很好解决。保留聊天记录防止

被投诉时候使用,这类骗子一般都是只拍货不付款的,您直接告诉骗子让他自己在他提供的店铺购买。您不提供非本店商品的出售。他说什么都不要帮他买,如果您愿意上当除外哦!

3. 骗术:利用未认证的小号诱骗

目标人群:新手以及部分粗心卖家。

骗术揭秘:骗子买家一般是未认证的小号。发过来一个链接,会问:老板我要买×××请问有没有货,并附上一个链接。

骗术破招:以前有朋友说旺旺上的链接前边有个绿色盾牌就是安全的,现在我要告诉你绿色的也不安全了,前几日发现骗子出新招。阿里巴巴发布消息之后利用淘宝网链接转接到钓鱼网。只要是发链接的请不要打开链接。打开之后要登录的一定是钓鱼网。

4. 骗术:假淘宝在线客服

目标人群:新手卖家。

骗术揭秘:拍货之后不付款要求卖家发货,新手卖家不发货,并以投诉差评威胁,过一会儿会有个"淘宝在线客服"之类的旺旺联系你,告诉你收到买家投诉要求你给买家发货。

骗术破招:淘宝网不会有这样的联系客服,也不会催卖家发货的。只要是催你发货的所谓淘宝客服就是假的。

5. 骗术:超低价格销售商品

目标人群:贪图小便宜人群。

骗术揭秘:骗子会给你一个链接和超低的销售价格,比如QB0.5元一类的,并喊着每天只销售多少个超过就不再卖了,诱骗你快速购买。这样的也属于钓鱼网。你打开链接之后需要登录淘宝。这其实不是真正的淘宝网,是骗子的假网站。等你登录后网站会以种种原因说要修该支付密码之类的。这样一步步获取你的所有密码。

骗术破解:不要贪图小便宜,安全第一。只要你不贪图小便宜,受骗的概率会大大降低。

6. 骗术:类似号码拍货重复要求发货

目标人群:所有淘宝卖家。

骗术揭秘:骗子使用两个很相似的淘宝账号行骗,用账号 A 和你聊天说要买货,之后使用账号 B 去拍货付款。粗心买家会认为这是同一个人便给 A 号发货。骗子拿到所需要的东西后,再用账号 B 联系卖家再次索要东西。这样卖家就被骗走一份东西。

骗术破招:在发货之前,在拍货记录上点击拍货旺旺联系买家发货。或者确认拍货旺旺是否和联系旺旺相同。一般情况下数字"0"和字母"O"不好分辨。请一定注意。

7. 骗术:汇款骗局

骗术揭秘:骗子想办法获取卖家信任,最后以支付宝不能使用等为由,说要汇款。然后说是先支付一半的费用。等你发货之后骗子从此消失。

骗术破招:不能支付宝担保的。不要出现预付一半的情况。也不能太相信有的买家。

8. 骗术:PS 付款截图法

骗术揭秘:骗子在拍下货物之后,并不付款。并且一味地催你发货,并提供付款的截图给你。部分新手卖家容易中招。

骗术破招:不论买家怎么给你提供付款证据,你都要自己进入已卖出宝贝中查看订单状态,确认订单为买家已付款。并有蓝色发货按钮,才能发货。

9. 骗术:支付宝邮箱发信法

目标人群:新手虚拟充值类。

骗术揭秘:此招数依然是拍货之后不付款,然后告诉你让你在支付宝绑定的邮箱查看邮件。骗子会利用诸如 163、126 等免费邮箱发送假冒的淘宝系统邮件。

骗术破招：淘宝在交易中从不会给卖家发邮件，大家也可以通过邮箱来分辨。用类似 163、126 等邮箱发送的都是骗子。

10. 骗术：两个充值号码混淆

骗术揭秘：骗子会用自己的账号拍下充值的东西，填写好充值的号码，等他拍完他会给我们善良的卖家发一个要充值的号码。如果你给他给你的号码充值的话，上当了！他会说你是自动充值的，自己填写好了号码！然后怪你充值错误，要求退款。很多新手卖家自认倒霉退款，或者帮骗子再充值一次。

骗术破招：任何人买东西只能和他拍货的旺旺联系不是拍货旺旺发的任何消息都不予理睬。即使他告诉你自己是谁。

11. 骗术：第三方诈骗

目标人群：各类充值软件加款。

骗术揭秘：卖家 A 发布自己的加款链接，骗子 B 联系好买家 C，告诉卖家 A 的店是自己的大号，自己在联系 A 并告诉 A 自己要加款，同时将加款链接给 C，C 拍下链接之后 B 立马联系 A 给自己的账号加款。从而获取充值软件加款，实现骗钱目的。

骗术破招：在购买任何商品时，一定要和店主旺旺联系。哪怕说是自己的大号或者小号，也必须和店主旺旺联系。要求用其他旺旺联系的 100% 是骗子。

12. 最新淘宝漏洞骗术：超低价格电话费

目标人群：贪小便宜者。

骗术揭秘：淘宝更新后出现新的跳转漏洞，就算是店铺的宝贝链接，点击也会跳转到钓鱼网，造成买家资金被盗等方式获取买家钱财，骗子往往以公司店铺活动等为由声称有 5 折电话费，或者 1 元充值 50 元话费。骗子就是利用了现在人贪小便宜的心理屡屡得逞。

防骗招术:请勿相信价格不正常的商品,永远记得天上不会掉馅饼。电话费的利润一般最多在 1.4 ~ 1.6 个百分点! 不会有这么便宜的话费。只要不贪心认真想想就不会被骗。

13. 骗术:充值软件加款(购买前不申明要加款的软件类型)

骗术揭秘:目前充值软件种类比较多,为骗子的行骗提供了方便。骗子在购买一些卖家的加款时不申明要加款的软件名称,等卖家转账成功后,告知卖家自己以为卖家销售的是另一种软件的加款,声称卖家弄错了,没有加款到账,要求退款,从而实现骗取预存的目的。对于此种状况,买家很多时候会退款成功。

骗术破招:发布商品时一定要表明是那种充值软件的预存款,准确地标明商品的名称,在买家拍货前询问买家需要购买的是不是您在销售的商品。可以有效地防止被骗。

14. 骗术:假客服电话骗取支付宝验证码

骗术揭秘:目前骗子的骗术很多,有不法分子制作的软件,可以设置显示的号码,也就是说你看到的号码是淘宝公司的,但是真正拨打的号码被隐藏了。例如,骗子拨打电话冒充淘宝工作人员,向你索要各种密码后使用账户余额购买了很多的东西,消费了 8 000 多元。

如果说某天你接到一个电话,对方自称是淘宝公司的,请您不要轻易相信。淘宝客服不会和你要任何的验证码、登录密码等信息。如果对方向你索要账号信息,或者要求提供手机收到的验证码,100% 是骗子了。如果说您不能确认是不是骗子,又担心真的账号有问题,您可以挂断电话。自行拨打淘宝公司的电话,与淘宝联系核实情况。淘宝的电话是需要收费,但是您要是账号被盗就不是这点小钱了。

15. 骗术:店铺租赁骗子

这个是很早就有的骗术了,这里提一下,骗子会花高价租你的店,说做商品推广之类的。第一次给您付款很爽快。等他拿到你有信誉度的店铺之后他就发布违反淘宝规则的商品,或者是骗人的链接,利用你的店铺来欺骗一些新手朋友,所以遇到这种情况时还是多考虑一下,为自己的店铺安全着想。慎重选择。

【小结】俗话说得好,害人之心不可有,防人之心不可无,如今互联网骗术也日趋盛行,在此我们提醒大家谨慎,谨慎,再谨慎。

遇到了土豪买家的故事

有卖家反映,说自己最近遇到了一个土豪买家,开口就要几万元的货,卖家激动坏了,这可是有史以来他接到的最大单子,一定要服务好这买家,可是,这位土豪买家却提出了别的要求……

我是一家公司的淘宝运营,前几日我跟往常一样按时来到办公室上班,就在开电脑不到一分钟后旺旺响了,我想骗子应该早就盯上我的店了,可能是因为我们店的产品比较特殊:产品单价比较高。这个骗子经过简单的咨询之后就要了 10 款腰带。骗子说是给公司买的,并说由公司的财务来出账。他这样说是为了给下一步行骗做铺垫。之后骗子说财务卡限制了,要向我们老板银行卡账号进行直接转账,随后叫我们再转账到他的支付宝付款。

骗子开始要我们老板的电话,说转账成功后会电话联系我们老板,那时候因为老板还没有来,就把同事的手机号发给他,不久便收到银行转账成功的信息。

这时骗子也着急了,一直催我转账给他。之后我们老板来了,我和他说了事情经过之后他说根本没有短信,银行卡里也没有这笔资金入账。这时候我们才明白遇到了骗子。

　　骗术解析:骗子以银行被限额了要求提供银行卡账号,然后以 ps 截图、伪基站给留下的手机号发送短信,制造假象让卖家以为银行卡到账。

　　作为卖家我们都要坚持遵守一个原则:不付款不发货! 不要轻易相信银行转账是最安全最有保障的交易方式。

模块八 农产品网络营销

第一节 农产品网络营销的概述

一、网络营销的概念和特征

（一）网络营销的概念

网络营销的出现为企业提供了适应全球网络技术发展与信息网络社会变革的新的技术和手段,是现代企业走入新世纪的营销策略。网络营销是借助于互联网、计算机通信和数字化交互式媒体,运用新的营销理念、营销模式、新的营销渠道和新的营销策略为达到一定的营销目标所进行的营销活动。

（二）网络营销的特征

网络营销贯穿于网络经营的全过程,从信息发布、市场调查、客户关系管理,到产品开发、制定网络营销策略、进行网上采购、销售及售后服务都属于网络营销的范畴。网络营销具有如下特征。

（1）跨时空性。突破时间和空间的限制。

（2）交互性。企业与顾客的双向交流。

（3）方便性。购物在家即可完成。

（4）经济性。网上信息发布成本低。

（5）技术性。建立在一定的技术之上。

二、网络营销的产生与发展

(一)网络营销的产生基础

网络营销的出现为企业提供了适应全球网络技术发展与信息网络社会变革的新的技术和手段,是现代企业走入新世纪的营销策略。网络营销的产生有其在特定条件下的技术基础、观念基础和现实基础,是多种因素综合作用的结果。具体地分析其产生的根源,可以更好地理解网络营销的本质。

1. 互联网的发展是网络营销产生的技术基础

互联网是一种集通信技术、信息技术、时间技术为一体的网络系统。其形式并非来源于全球性的系统规划,它之所以有今天的规模,得力于本身的特点:开放、分享与价格低廉。在互联网上,任何人都可以享有创作发挥的自由,所有信息的流动皆不受限制,网络的运作可由使用者自由地连接,任何人都可加入互联网,因此网络上的信息资源是共享的。

2. 消费者价值观的改变是网络营销产生的观念基础

满足消费者的需求,是市场营销的核心。随着科技的发展、社会的进步、文明程度的提高,消费者的观念也在不断地变化,这为建立在 Internet 上的网络营销提供了普及的可能。

3. 激烈的竞争是网络营销产生的现实基础

当今的市场竞争日趋激烈,企业为了取得竞争优势,想方设法吸引顾客,传统的营销已经很难有新颖独特的方法来帮助企业在竞争中出奇制胜了。市场竞争已不再依靠表层的营销手段,经营者迫切需要更深层次的方法和理念来武装自己。

(二)网络营销的发展趋势

根据互联网发展的特点以及市场营销环境的变化,可以预测网络营销将会有以下的发展趋势。

1. 网络技术将更有利于商品的销售

网络的防火墙技术、信息加密技术将更加成熟,电子货币等安全的网上支付方式将得到进一步推行,网络系统在商品销售方面的效率将大大提高,令网络消费者感到不安的网上付款安全问题将会迎刃而解,电子商务的使用将更加多样化,在销售促进上发挥更大的作用。

2. 营销决策趋于理性化

网络消费者的购买与消费行为将更加理性化,头脑冷静、擅长理性分析是网络用户的显著特点。市场调研效率的提高为理性决策奠定了基础。

3. 网上的电子商场将兴旺发达

将商场或企业的商品以多媒体信息的方式通过互联网络供全球消费者浏览和选购,是国内外许多大商场和大企业正在使用的促销方式。对于企业来说,网络商场与传统的商场相比,具有不需店面租金,可以减少商品库存的压力,降低销售、管理、发货等环节的成本,经营规模不受场地的限制,便于收集顾客的信息等等很多优点。其发展前景十分广阔。

4. 网络广告将大有作为

与传统广告相比,网络广告所表现出来的优势是明显的:网络广告的空间几乎是无限的,其传播范围远远大于传统广告;网络广告成本低廉,大约仅相当于传统媒体的1/10;网络广告可以实现即时互动,克服了传统广告强制性的缺点;网络广告促成消费者采取行动的机制主要是靠逻辑、理性的说服力,因此具有更高的效率。

三、网络营销与传统营销的比较

网络营销作为传统营销的延伸与发展,既有与传统营销共性的一面,也有区别于传统营销的一面。随着网络营销的发展,其特点表现得越来越突出。

(一)网络营销与传统营销的相同点

(1)都是企业的一种经营活动。二者所涉及的范围不仅限于商业性内容,即所涉及的不仅是产品生产出来之后的活动,还要扩展到产品制造之前的开发活动。

(2)都需要通过组合发挥功能。二者并不是单靠某种手段去实现目标,而是要开展各种具体的营销活动。

(3)都把满足消费者需求作为一切活动的出发点。

(4)对消费者需求的满足,不仅停留在现实需求上,而且还包括潜在需求。

(二)网络营销对传统营销的冲击

1. 改变了传统的营销方式

网络营销能够突破时间和空间的限制。比如,网上商店能够为顾客提供每天 24 小时的购物服务,没有时间的限制,这是一般传统销售做不到的。

2. 冲击传统的营销渠道,中间商的作用产生变化

(1)由跨国公司所建立的传统的国际分销网络对小竞争者造成的进入障碍将明显降低。

(2)对于目前直接通过因特网进行产品销售的生产商来说,其售后服务工作是由各分销商承担,但随着他们代理销售利润的消失,分销商将很有可能不再承担这些工作。

3. 促进营销策略的调整,定价、品牌、广告等策略都有所改进

传统的营销管理强调 4P(产品、价格、渠道和促销)组合,现代营销管理则追求 4C(顾客、成本、方便和沟通),然而无论哪一种观念都必须基于这样一个前提:企业必须实行全程营销,即必须由产品的设计阶段开始就充分考虑消费者的需求和意愿。

4. 降低了成本

在 Internet 上,用户与厂商是一对一的关系,所以网络营销采取的是面对面的销售,同时由于减少了营销中的环节,节约了时间,使得销售过程中的时间成本也大幅度降低,这样就使企业有效降低了销售成本,使产品具有强大的价格优势。

第二节 农产品网络营销产品策略

产品是市场营销组合中最重要的因素。任何企业的营销活动总是首先从确定向目标市场提供的产品开始的,然后才会涉及价格、促销、渠道等方面的决策。网络营销也不例外,选择适合网络营销的产品,是企业制定其营销策略的基本要素之一。所以网络营销产品策略是网络营销组合策略的基础。

一、网络营销产品的概念

传统营销产品是能满足人们某种需求或欲望的任何有形物品和无形服务,包括核心产品(实质产品)、形式产品(实体产品)、附加产品(产品的附加价值)。网络营销产品是指提供给市场以引起人们注意、获取、使用或消费,从而满足某种欲望或需要的一切东西。与传统营销产品相比,网络营销在虚拟的 Internet 市场开展营销活动,互动性强,能更好地满足顾客的个性化需求。因此,网络营销产品比传统营销产品内涵更丰富,产品层次也进一步拓展了。在网络营销中,产品的整体概念可分为5 个层次。

(一)核心产品层次

与传统营销产品的核心产品层次一样,核心产品是指产品或服务能够提供给消费者的最基本的效用或益处,是消费者真正想要购买的基本效用或益处。

(二)实体产品层次

实体产品也称为实体产品或有形产品层次,是产品在市场上出现时的具体物质形态,主要表现在品质、特征、式样、包装等方面,是核心利益或服务的物质载体。

(三)期望产品层次

期望产品层次是在网络营销中,顾客处于主导地位,消费呈现出个性化的特征,不同的消费者可能对产品的要求不一样,因此,产品的设计和开发必须满足顾客这种个性化的消费需求。期望产品是指顾客在购买产品/服务前对所购产品/服务的质量、使用方便程度、特点等方面的期望值,这对企业开发与设计新产品有重要的指导作用。因此,为满足这种需求,对于物资类产品、生产和供应等环节必须实行柔性化的生产和管理。

(四)附加产品层次

附加产品也称为延伸产品层次,其含义与传统产品概念中的附加产品的意义一样,附加产品层次是指由产品的生产者或经营者提供的满足购买者延伸需求的产品层次,主要是帮助用户更好地使用核心利益的服务。在网络营销中,延伸产品层次要注意提供满意的售后服务、送货、质量保证等,此层次主要协助顾客更充分、更好地享受核心产品带来的基本效用。网络营销产品市场是跨越时空限制的、全球性的,如果解决不好附加产品的这些问题,势必影响网络营销的市场广度。

(五)潜在产品层次

潜在产品层次在附加产品层次之外,它是指企业向顾客提供的能满足顾客潜在需求的各种远期的收益。它是网络营销产品概念的最后一个层次。与延伸产品不同,潜在产品是对顾客潜在需求的进一步发掘,是一种增值服务,意在培养顾客的忠诚度。

二、网络营销产品的特点

由于网上消费者有着区别于传统市场的消费需求特征,因此并不是所有的产品都适合在网上销售和开展网上营销活动。一般而言,目前适合在互联网上销售和营销的产品通常具有以下7个特性。

(1)产品性质。由于网上用户在初期对技术有一定要求,用户上网大多数与网络等技术相关,因此网上销售的产品最好是与高技术或与计算机、网络有关,这些产品容易引起网上用户的认同和关注。根据网上消费者的特征,网上销售和营销的产品一定要考虑产品的新颖性,追求商品的时尚和新颖是许多消费者特别是青年消费者重要的购买动机。其次,考虑产品的购买参与程度,要求消费者参与程度越高的产品,越不适合在网上销售和营销。

(2)产品质量。网络的虚拟性使顾客可以突破时间和空间的限制,实现远程购物和在网上直接订购,这使得网络购买者在购买前无法尝试或只能通过网络来尝试产品。由于网络购买者无法具有传统环境下亲临现场的购物体验,因此顾客对产品的质量尤为重视。

(3)产品式样。网上市场的全球性,使得产品在网上销售面对的是全球性市场,因此,通过互联网对全世界国家和地区进行营销的产品要符合该国家或地区的风俗习惯、宗教信仰和教育水平。网上销售产品在注意全球性的同时也要注意产品的本地化。同时,由于网上消费者的个性化需求,网络营销产品的式样还必须满足购买者的个性化需求。

(4)产品品牌。在网络营销中,生产商与经营商的品牌同样重要,要在网络浩如烟海的信息中获得浏览者的注意,就必须拥有明确、醒目的品牌。

(5)产品包装。作为通过互联网经营的针对全球市场的产品,其包装必须适合网络营销的要求。

(6)目标市场。网上市场是以网络用户为主要目标的市场,在网上销售的产品要能覆盖广大的地理范围。

(7)产品价格。从消费者的角度看,产品价格虽然不是决定消费者购买的唯一因素,但却是消费者购买商品时的重要因素。一方面,互联网作为信息传递工具,在发展初步是采用共享和免费策略发展而来的,网上用户比较认同网上产品低廉的特性;另一方面,由于通过互联网进行销售的成本低于其他渠道销售的产品,消费者对于互联网有一个免费的价格心理预期。因此在网上销售产品一般采用低价定位。

三、网络营销产品的分类

在网络上销售的产品,按照产品性质的不同,可以分为两大类:即实体产品和虚体产品。

(一)实体产品

将网上销售的产品分为实体和虚体两大类,主要是根据产品的形态来区分。实体产品是指具体物理形状的物质产品。在网络上销售实体产品的过程与传统的购物方式不同,它不是传统的面对面的买卖方式,网络上的交互式交流成为买卖双方交流的主要形式。消费者或客户通过卖方的主页考察其产品,通过填写表格表达自己对品种、质量、价格、数量的选择;而卖方则将面对面的交货改为邮寄产品或送货上门,这一点与邮购产品颇为相似。因此,网络销售也是直销方式的一种。

(二)虚体产品

虚体产品与实体产品的本质区别是虚体产品一般是无形的,即使表现出一定形态也是通过其载体体现出来,但产品本身的性质和性能必须通过其他方式才能表现出来。在网络上销售

的虚体产品可以分为两大类:软件类产品和服务类产品。软件
类产品包括计算机系统软件和应用软件。网上软件销售商常常
可以提供一段时间的试用期,允许用户尝试使用并提出意见。
好的软件很快能够吸引顾客,使他们爱不释手并为此慷慨解囊。

服务类分为普通服务和信息咨询服务两大类,普通服务包
括远程医疗、法律救助、航空订票、入场券预定、饭店旅游服务预
约、医院预约挂号、网络交友、电脑游戏等,而信息咨询服务包括
法律咨询、医药咨询、股市行情分析、金融咨询、资料库检索、电
子新闻、电子报刊等。

对于普通服务来说,顾客不仅注重所能够得到的收益,还关
心自身付出的成本。通过网络这种媒体,顾客能够尽快地得到
所需要的服务,免除恼人的排队等候的时间成本。同时,消费者
利用浏览软件,能够得到更多、更快的信息,提高信息传递过程
中的效率,增强促销的效果。

对于信息咨询服务来说,网络营销产品是一种最好的媒体
选择。用户上网的最大诉求就是寻求对自己有用的信息,信息
服务正好提供了满足这种需求的机会。通过计算机互联网络,
消费者可以得到包括法律咨询、医药咨询、金融咨询、股市行情
分析在内的咨询服务和包括资料库检索、电子新闻、电子报刊在
内的信息服务。

四、网络营销产品具体策略

网络营销产品的形式有多种,网络营销者要根据网络产品
的不同形式、不同特点,制定相应的营销策略,以满足消费者多
样性需求。

(一)定制化策略

网络产品的定制化策略是定制化营销的必然要求,定制化
营销是网络时代企业营销的典型模式。一方面,在互联网的环

境里,消费者的个性化需求有了选择的空间和实现的条件,要求企业能够生产出定制化的产品,以满足他们自主选择的需要;另一方面,以顾客为导向的营销理念,也要求企业满足不同顾客的个性化需求,运用"一对一"的定制策略提供有特色的产品和服务。

(二)信息流与物流的合成策略

就实体商品的网络营销来说,没有物体的空间移动,消费者是很难及时得到其所需商品的。实体商品的网络营销,如果没有物流体系的保障,满足消费者个性化需要的目的是难于实现的。因此,企业开展实体产品的网络营销,必须要结合运用物流配送的策略。

(三)网络新产品的开发策略

在网络营销中,新产品的界定应从顾客需求的角度出发,只要产品整体概念中的任何一个层次发生了变化、改进、革新,就都称为新产品。因此,根据新产品与原有产品差别的程度,可将网络新产品的开发策略分为以下6种。

1. 重新定位策略

重新定位策略是指企业对自己目前已经拥有的产品进行重新定位,或者改变它的目标市场。网络作为一种新型的营销因素,使得企业在营销空间与时间上得到了扩展,给企业扩展新市场、新领地提供了条件,因此企业可考虑将原有的产品进行重新定位,扩张自己的势力范围。

2. 仿制开发策略

此策略是对市场上现有的产品进行局部的改进和创新,从根本上来说还是保存了原有产品的主要结构、特征与功能,属于原有产品的仿制品。这种新产品的开发,花费的时间与金钱比较少,适合进行不同地域之间的移植。

3. 改进开发策略

此策略是指在已有产品的基础之上进行派生研发而得出新产品的方式。在原有产品的基础之上,对原有产品的包装、结构、原材料或功能等方面中的一个或几个方面进行变化与调整,生产出新产品,这种新产品往往更符合顾客的需求,并与原有产品形成差异。开发改进的产品,可以帮助企业在网络营销中,以较少的资源实现差异化营销,更好地满足顾客的多样化与个性化需求。

4. 换代开发策略

这种新产品开发是指产品的基本原理与构造不变,只是应用科学技术发展的新成果,采用新的原材料、新的技术等,使得新产品在性能上比原有产品有较大幅度的提。

5. 降低成本开发策略

降低成本开发策略是提供同样功能但成本较低的新产品策略。网络时代的消费者注重个性化消费,个性化消费意味着消费者根据自己的个人情况来确定自己的需要,因此,消费者的消费意识更趋向于理性化,消费者更强调产品给自己带来的价值,同时包括所花费的代价。

6. 全新开发策略

此策略是指开发那些前所未有的产品。全新的产品不是在老产品的基础上发展变化而来,而是完全的创新,需要花费大量资源。

企业具体采取哪一种开发新产品,可根据网络消费者的需求和企业实际情况决定。结合互联网与网络营销市场的特点,不断地开发新产品是现代企业竞争的核心。

第三节　农产品网络营销价格策略

价格是营销组合中最活跃的因素，网络营销价格更是如此，互联网上空前丰富的商品信息，网络消费者只要轻点鼠标，就可获得所有的某一类产品的价格信息，从而大大提高了网络用户或网络消费者对价格选择的主动权。因此，网络营销必须根据这一特点，采取与传统定价方法不同的价格策略。

一、网络营销价格概述

(一)农产品网络营销价格的概念

对农产品网络营销价格的认识可以从狭义和广义两个层面分析：狭义的农产品网络营销价格是人们为得到某种商品或服务支出的货币数量；广义上的农产品网络营销价格是消费者为获得某种商品或某项服务与销售者所作的交换，这其中包括货币、时间、精力和心理担忧等。

农产品网络营销价格包括两个部分的含义，一个是可以量化的成本，这是价格的狭义理解，也是通常人们头脑中的价格概念，可称之为产品(服务)的标价；另一个是不可量化的无形成本因素，也就是顾客在交易过程中所付出的除货币成本外的其他所有成本。农产品网络营销价格的广义定义给企业定价开辟了一个新的途径，即除了产品的标价外，还可以在其他不可量化成本上努力，因为除了一小部分对产品标价特别敏感的顾客之外，还有大量的更注重其他获取成本的顾客。也就是说，除了降低货币成本(产品价格)，企业还可以选择降低时间成本、精力和心理担忧等不可量化成本。

(二)农产品网络营销价格的构成

从广义农产品网络营销价格角度而言，价格是对可量化成本(即产品的标价)和不可量化成本(即涉及各种社会因素的获取成本)两部分的补偿,产品(服务)的真实价格应是以上两部分之和。其中,可量化的成本包括产品的成本和合理的利润;不可量化成本包括使用时间成本、购买精力和体力成本、生活方式变更成本、心理成本。

(三)农产品网络营销价格的特点

开放快捷的因特网使企业、消费者和中间商对产品的价格信息都有比较充分的了解,因此农产品网络营销定价与传统营销有很大的不同。农产品网络营销定价的特点如下。

1. 低价位化

第一,因特网成为企业和消费者交换信息的渠道,一方面可以减少印刷费用与邮递成本,免交店面租金,节约水电费与人工成本,另一方面可以减少由于多次迂回交换造成的损耗。第二,农产品网络营销能使企业绕过许多中间环节和消费者直接接触,进而使企业产品开发和营销成本大大降低。第三,消费者可以通过开放互动的因特网掌握产品的各种价格信息,并对其进行充分的比较和选择,迫使开展农产品网络营销的企业以尽可能低的价格出售产品,增大了消费者的让渡价值。

2. 全球定价化

农产品网络营销市场面对的是开放的和全球化的市场,世界各地的消费者可以直接通过网站进行交易,而不用考虑网站所属的国家或地区。企业的目标市场从过去受地理位置限制的局部市场,一下拓展到范围广泛的全球性市场,这使得农产品网络营销产品定价时必须考虑目标市场范围的变化带来的影响因素。企业不能以统一市场策略来面对差异性极大的全球性市场,而是必须采用全球化和本地化相结合的原则进行。

3. 价格水平趋于一致化

因特网市场是一个开放的、透明的市场，在这个市场中，消费者可以及时获得同类产品或相关产品的价格信息，对价格及产品进行充分的比较，迫使企业努力减少因国家、地区等因素的不同而产生的价格差异，进而使价格趋于一致。

4. 弹性化

方便快捷的因特网能够使消费者及时获取各种产品的多个甚至全部厂家的价格信息，真正做到货比多家，这就决定了网上销售的价格弹性很大。因此，企业在制定网上销售价格时，应当科学量化每个环节的价格构成，制定出较为合理的价格策略。另外，随着消费者不断趋于理性化，企业在农产品网络营销定价时要综合考虑各种因素，如消费者的价值观、消费者的偏好等。

5. 顾客主导化

传统市场中，产品的价格是以生产成本为基准，加上一定的利润率，就成为市场价格。在因特网市场中，消费者能及时获取产品及其价格的各种信息，通过综合这些信息决定是否接受企业报价并达成交易。所以，在定价时，企业必须考虑消费者的心理特点和价格预期，以消费者为中心，根据生产成本和消费者心理意识到的产品价值综合定价，以赢得消费者的接受和认可，产生购买欲望，实现双赢。

二、农产品网络营销产品定价的影响因素

在农产品网络营销中，企业与顾客之间的互动性增强，顾客在企业营销管理中的作用越来越大，议价能力也越来越强，因此农产品网络营销者必须在顾客的角度考虑制定产品（服务）的价格，价格不是单纯地用于交换某种产品（服务）的金额，而是顾客为了获取某种产品（服务）所必须付出的代价。影响农产

品网络营销产品定价的因素很多,有企业内部因素,也有企业外部因素;有主观的因素,也有客观的因素。概括起来主要有产品成本、市场需求、竞争因素和其他因素4个方面。

(一)成本因素

成本是农产品网络营销定价的最低界限,对企业农产品网络营销价格有很大的影响。产品成本是由产品在生产过程和流通过程中耗费的物质资料和支付的劳动报酬所形成的,其一般由固定成本和变动成本两部分组成。

(二)供求关系

供求关系是影响企业农产品网络营销定价的基本因素之一。一般而言,当商品供小于求时,企业产品的营销价格可能会高一些;反之,则可能低一些;在供求基本一致时,企业的销售价格将采用买卖双方都能接受的"均衡价格"。此外,在供求关系中,企业产品营销价格还受到供求弹性的影响。一般来说,需求价格弹性较大的商品,可采取薄利多销策略;而需求价格弹性较小的商品,可采取适当高价策略。

在传统营销中,需求方特别是消费者,因为信息不对称,并受时空限制,在定价方面处于被动地位。在农产品网络营销中,因为开放的互联网,使消费者有了更大的购买选择空间和自主权,从而提升了在交易关系中的主动地位。在这种条件下,就要求企业在制定产品价格时,必须以顾客需求为导向,使顾客价值最大化,站在顾客角度考虑制定价格,帮助顾客节约购买成本,实现顾客价值最大化。

(三)竞争因素

竞争因素对价格的影响,主要考虑商品的供求关系及变化趋势,竞争对手的商品定价目标和定价策略以及变化趋势。竞争是影响企业产品定价的重要因素之一,在实际营销过程中,以竞争对手为主的定价方法主要有 3 种:低于竞争对手的价格、与竞争对手同价和高于竞争对手的价格。

(四)其他因素

除上述 3 个主要因素以外,农产品网络营销的其他组合因素,如企业定价目标、市场定位、营销渠道、促销手段、消费者心理、企业本身规模、财务状况和国家政策等,也会对企业的农产品网络营销价格产生不同程度的影响。

三、农产品网络营销定价策略

农产品网络营销价格的形成过程极为复杂,要受诸多因素的影响和制约。农产品网络营销定价时,不但要考虑运用传统市场营销价格理论,更要考虑农产品网络营销的软营销和互动特性以及消费者易于比较价格的特点。企业在进行农产品网络营销定价时必须综合考虑各种因素,采用适合的定价策略。常见的农产品网络营销定价策略可以分为以下几种。

(一)低价定价策略

1. 直接低价定价策略

直接低价定价策略就是由于定价时大多采用成本加一定利润,有的甚至是零利润,因此这种定价在公开价格时就比同类产品要低。它一般是制造业企业在网上进行直销时采用的定价方式。

2. 折扣定价策略

折扣定价策略是以在原价基础上进行折扣来定价的。这种定价方式可以让顾客直接了解产品的降价幅度以便促进顾客的购买。这类价格策略主要采用在一些网上商店,通过对购买来的产品按照市面上流行价格进行折扣定价。

3. 促销定价策略

促销定价策略是指为了达到促销目的,对产品暂定低价,或暂以不同的方式向顾客让利的策略。促销定价除了前面提到的折扣定价策略外,比较常用的还有有奖销售和附带赠品销售。

(二)定制定价策略

定制定价策略包括定制生产和定制定价。由于消费者的个性化需求差异性大,加上消费者的需求量少,因此企业实行定制生产必须在管理、供应、生产和配送各个环节上,适应这种小批量、多样式、多规格和多品种的生产和销售变化。定制定价策略是在企业能实行定制生产的基础上,利用网络技术和辅助设计软件,帮助消费者选择配置或者自行设计能满足自己需求的个性化产品,同时承担自己愿意付出的价格成本。定制化生产是从消费者的个性化需求出发实行小批量、多式样、多规格和多品种生产的方式,企业的定价也按照这种方式实行多品种、差异化的定价。

(三)竞争导向定价策略

竞争导向定价主要是企业根据竞争者的价格,来确定本企业商品的价格。这种策略的特点是:竞争者价格不变,即使成本或需求有所变动,价格也不变,反之亦然。竞争导向定价包括随行就市定价、投标定价和拍卖定价3种方法。

(四)免费定价策略

免费定价策略是市场营销中常见的营销策略,它主要用于促销和推广产品,在传统营销方式中免费定价策略是一种短期的、临时的策略,在农产品网络营销中则是一种长期并行之有效的产品和服务定价策略。采用免费策略的产品一般都是利用产品成长推动占领市场,帮助企业通过其他渠道获取收益,为未来市场发展打下基础,发掘后续商业价值。但是,并不是所有的产品都适合于免费定价策略。通常适于免费定价策略的产品具有无形性、易于数字化、零制造成本、只需简单复制、成长性和间接收益的特点。

免费营销策略就是将企业的产品或者服务以零价格形式提供给顾客使用,满足顾客的需求,主要有 4 种形式。

(1)产品和服务完全免费,即产品(服务)从购买、使用到售后服务所有环节都采用免费服务。完全免费的产品或服务一般是无差异化的产品,企业提供完全免费的产品主要是为了吸引用户注意力,招揽到足够的人浏览网站,增加网站的人气以建立网站品牌形象,免费产品是扩大网站的知名度的手段。

(2)对产品和服务实行部分免费,企业对其产品和服务实行一部分免费,而另外一些部分则需要用户付款才能使用,而这些部分恰好是最重要、最核心的部分。用户因为使用产品的免费部分已经对产品产生了兴趣,很有可能会购买剩下的产品和服务,从而使企业得到收益。产品或服务所提供的付费功能可以归为两类:一类是必要的,也就是说顾客要得到产品的全部功能才能让产品发挥实质性的功效;另一类是个性化的,产品的免费功能能够很好地满足顾客对某一方面的需求,但如有对其他方面的需求则要购买产品的付费功能,企业正是通过增加产品附加服务来使产品差别化,这类付费的服务都是更具诱惑力的体验性增值服务能使核心产品更具个性化,满足顾客的不同需求。

(3)对产品和服务实行限制免费,即产品(服务)可以被有限次使用。超过一定期限或者次数后,取消免费服务。产品限制免费策略主要有两种表现形式:一是使用时间限制,即产品或服务只能让顾客在下载之后免费使用一段时间并且时间比较短,超过了这个时间如果顾客有继续使用的需要则要支付费用。二是使用次数限制,它规定了顾客只能免费使用产品数次,超过了这个次数如要继续使用则要支付费用。

（4）对产品或者服务实行捆绑式免费，即购买某种产品或者服务时赠送其他产品和服务。捆绑式免费指用户在购买企业的某些产品或服务时，企业捆绑赠送其他产品和服务。企业通过捆绑主打产品赠送免费的产品和服务，在提升主打产品市场竞争力的同时，也为新推出的捆绑产品打开了销路，拓展了市场。一般而言有两种方式：一是"软硬捆绑"，即把软件安装在指定的机器设备上捆绑出售；二是"软软捆绑"，即不同的软件产品打成一个包裹捆绑出售。捆绑策略不仅是定价策略，而且是竞争策略，捆绑免费的目的不是像传统物质产品那样只是为了获得更多的销售收入，而更主要的是为了抢夺更多市场。

（五）顾客参与竞价策略

互联网的优势使顾客在交易过程中处于主动的地位，企业可以让顾客在网上议价、划价、竞价，制定适合自己的价格，实现销售的目的。竞价定价的方式具体有拍卖竞价、拍买竞价、集体竞价等。集体竞价的特点是价格高开走低，即顾客参与的人越多，最终成交的价格就越低。

第四节　农产品网络营销促销策略

农产品网络营销是通过互联网，利用电子信息手段进行的营销活动。它包括农产品网络营销产品策略、价格策略、促销策略和渠道策略等，其中农产品网络营销促销策略是重要的组成部分。

一、农产品网络营销促销策略的概念与特点

（一）农产品网络营销促销策略的概念

农产品网络营销促销策略简称网络促销，是指利用现代化

的网络技术向虚拟市场传递有关产品和服务的信息,以启发需求,引起消费者的购买欲望和购买行为的各种活动。它包括网络广告、网上销售促进与公共关系等。

(二)农产品网络营销促销策略的特点

(1)网络促销是在 Internet 这个虚拟市场环境下进行的。它的开放性决定了它跨越了空间的限制,它聚集了全球的消费者,融合了多种生活和消费理念,显现出全新的无地域、时间限制的电子时空观。在这个环境中,消费者的概念和消费行为都发生了很大的变化。他们普遍实行大范围的选择和理性的消费,许多消费者还直接参与生产和流通的循环,因此,农产品网络营销者必须突破传统实体市场和物理时空观的局限性,采用虚拟市场全新的思维方法,调整自己的促销策略和实施方案。

(2)Internet 虚拟市场的出现,将所有的企业,无论其规模的大小,都推向了一个统一的全球大市场,传统的区域性市场正在被逐步打破,企业不得不直接面对激烈的国际竞争。如果一个企业不想被淘汰,就必须学会在全球的市场中竞争。

(3)网络促销是通过网络传递商品和服务的存在、性能、功效及特征等信息。它是建立在现代计算机与通讯技术基础之上的,并且随着计算机和网络技术的不断改进而改进。多媒体技术提供了近似于现实交易过程中的商品表现形式,双向的、快捷的信息传播模式,将互不见面的交易双方的意愿表达得淋漓尽致,也留给对方充分思考的时间。因此,农产品网络营销者不仅要熟悉传统的营销技巧,而且需要掌握相应的计算机和网络技术知识,以一系列新的促销方法和手段,促进交易双方撮合。

二、网络营销促销与传统营销促销的区别

虽然传统的促销和网络促销都是让消费者认识产品,引导消费者的注意和兴趣,激发他们的购买欲望,并最终实现购买行

为,但由于互联网强大的通信能力和覆盖面积,网络促销在时间和空间观念上,在信息传播模式上以及在顾客参与程度上都与传统的促销活动发生了较大的变化。网络促销与传统促销的区别见下表。

表　网络促销与传统促销的区别

对比类型	网络促销	传统促销
时空观	电子时空观	物理时空观
信息沟通方式	网络传输、形式多样、双向沟通	传统工具、单向传递
消费群体	网民	普通大众
消费行为	大范围选择、理性购买	冲动型消费

(1)时空观念的变化。网络技术的发展打破了传统的地理位置和区域的限制,使全球逐步成为一体,在产品流通中,传统产品的销售和消费者群体有地理位置和区域的限制,而网络促销就突破了这个限制,使之成为全球范围的竞争。传统的订货都有时间的限制,而网络订货可以在任何时间、任何地点、全天候 24 小时内都可以进行。这种空间和时间的变化都要求农产品网络营销者随时调整自己的促销策略。

(2)信息沟通方式的变化。促销是通过买卖双方信息的沟通来实现的,在网络上,信息的沟通都要通过线路的传递来完成。多媒体信息处理技术的发展,为买卖双方及时沟通信息提供了很好的前提条件。买卖双方这种互不见面、双向、快捷的信息传播模式把各自的意愿表达得非常明确,同时也为对方留下了充分思考的时间。在这种环境下,传统的促销方法是无能为力的。所以,网络营销者需要掌握一系列新的促销方法和手段来适应环境变化的需求,促进产品的销售。

(3)消费群体和消费行为的变化。在网络环境下,消费者的概念和客户的消费行为都发生了很大的变化。在这一时期内个性消费称为主流。不同的网络消费者因所处的社会经济环境不同而发生不同的需求;不同的消费者即使在同一需求层次上,他们的需求也会有所不同。上网购物者是一个特殊的消费群体,由于网络技术的发展,这些消费者可以获得大量的商品信息,直接参与生产和商业流通的循环,可以普遍大范围地反复选择和更理性地购买。这些变化对传统的促销理论和模式产生了重要的影响。

(4)对网络促销的新理解。虽然网络促销与传统促销在促销观念和手段上有较大差别,但他们推销产品的目的是相同的。所以,对于网络促销的理解,一方面,应当站在全新的角度去认识这一新型的促销方式,充分利用好网络这一新技术促进产品的销售;另一方面,则应当通过与传统促销的比较去体会两者之间的差别,充分吸取、利用传统促销方式的整体设计思想和行之有效的促销技巧,打开网络促销的新局面。

三、农产品网络营销促销策略的形式

农产品网络营销是在网上市场开展的促销活动,其促销形式分别是网络广告、销售促进、站点推广和关系营销。其中,网络广告和站点促销是主要的农产品网络营销促销形式。网络广告已经形成了一个很有影响力的产业市场,因此网络广告是企业的首选促销形式。

(一)网络广告

网络广告根据形式不同可以分为旗帜广告、电子邮件广告、电子杂志广告、新闻组广告、公告栏广告等。网络广告主要是借助网上知名站点(如 ISP 或者 ICP)、免费电子邮件和一些免费公开的交互站点(如新闻组、公告栏)发布企业的产品信息,对企业和产品进行宣传推广。网络广告作为有效而可控制的促销手段,被许多企业用于在网上促销,但花费的费用较多。

（二）站点推广

站点推广就是利用农产品网络营销策略扩大站点的知名度,吸引上网者访问网站,起到宣传和推广企业以及企业产品的效果。站点推广的目的就是最大限度提高企业网站的品牌形象,提高访问次数,从而传递企业及其产品信息,让消费者产生消费欲望和购买行为。要达到这一目的,必须遵循效益/成本原则、锁定站点推广的目标受众原则、稳定慎重原则和综合安排实施原则。站点推广主要有两大类方法:一类是通过改进网站内容和服务,吸引用户访问,起到推广效果;另一类是通过网络广告宣传推广站点。前一类方法费用较低,而且容易稳定顾客访问流量,但推广速度比较慢;后一类方法,可以在短时间内扩大站点知名度,但费用不菲。

（三）网上销售促进

网络销售促进就是在网上市场利用销售促进工具刺激顾客对产品的购买和消费使用。企业利用可以直接销售的农产品网络营销站点,坚持针对性原则、可行性原则和创意多变原则,采用一些销售促进方法如价格折扣、有奖销售、拍卖销售、网上抽奖、网上积分促销、联合促销、优惠券、链接等方式,宣传和推广产品。

（四）关系营销

关系营销也称网络公共关系,是通过借助互联网的交互功能传递企业信息,唤起人们的兴趣,从而提高企业在公众中的形象,吸引用户与企业保持密切关系,培养顾客忠诚度,提高企业收益率。关系营销主要的实现工具有电子报纸杂志、电子邮件、网络视频、企业网站、网络论坛、网上会议等。

四、农产品网络营销促销策略的作用

农产品网络营销者要想提高企业网站知名度,提高经济效益,必定需要进行网络促销,网络促销具有以下几个作用。

(一)告知作用

网络促销能够把企业的产品、服务、价格等信息通过网络传递给目标受众(消费者或企业网站访问者),以引起他们的注意。

(二)说服作用

网络促销的目的在于通过各种有效的方式,消除潜在消费者对产品或服务的疑虑,说服目标公众购买企业的产品或服务。例如,在许多同类商品中,顾客往往难以察觉各种产品间的微小差别。企业通过网络促销活动,宣传自己产品的特点,使消费者认识到该产品可能给他们带来的利益或特殊效用,进而选择本企业的产品。

(三)反馈作用

结合网络促销活动,企业可以通过在线填写表格或电子邮件等方式及时地收集和分析消费者的意见和需求,迅速反馈给企业的决策管理层。由此所获得的信息准确性和可靠性高,对企业经营决策具有较大的参考价值。

(四)创造需求

运作良好的网络促销活动,不仅可以诱导需求,而且可以创造需求,发掘潜在的顾客,拓展新市场,扩大销售量。

(五)稳定销售

一个企业的产品销售量,可能时高时低,市场地位不稳。企业通过适当的网络促销活动,树立良好的产品形象和企业形象,往往有可能改变消费者对企业及产品的认识,使更多的用户形成对本企业产品的偏爱,提高产品的知名度和用户对本企业产品的忠诚度,达到锁定用户、实现稳定销售的目的。

五、农产品网络营销促销策略的实施过程

对于任何企业来说,如何实施网络促销都是一个新问题,每一个营销人员都必须摆正自己的位置,深入了解产品信息在网络上传播的特点,分析网络信息的接收对象,设定合理的网络促销目标,通过科学的实施程序,打开网络促销的新局面。根据国内外网络促销的大量实践,网络促销的实施程序可以由 6 个方面组成。

(一)确定网络促销对象

网络促销对象是针对可能在网络虚拟市场上产生购买行为的消费者群体提出来的。随着网络的迅速普及,这一群体也在不断膨胀。这一群体主要包括 3 部分人员:产品的使用者、产品购买的决策者、产品购买的影响者。

(二)设计网络促销内容

网络促销的最终目标是希望引起购买。这个最终目标是要通过设计具体的信息内容来实现的。消费者的购买过程是一个复杂的、多阶段的过程,促销内容应当根据购买者目前所处的购买决策过程的不同阶段和产品所处的寿命周期的不同阶段来决定。

(三)决定网络促销组合方式

网络促销活动主要通过网络广告促销和网络站点促销两种促销方法展开。但由于企业的产品种类不同,销售对象不同,促销方法与产品种类和销售对象之间将会产生多种网络促销的组合方式。企业应当根据网络广告促销和网络站点促销两种方法各自的特点和优势,根据自己产品的市场情况和顾客情况,扬长避短,合理组合,以达到最佳的促销效果。

网络广告促销主要实施"推战略",其主要功能是将企业的

产品推向市场,获得广大消费者的认可。网络站点促销主要实施"拉战略",其主要功能是将顾客牢牢地吸引过来,保持稳定的市场份额。

(四)制订网络促销预算方案

在网络促销实施过程中,使企业感到最困难的是预算方案的制订。在互联网上促销,对于任何人来说都是一个新问题。所有的价格、条件都需要在实践中不断学习、比较和体会,不断的总结经验。只有这样,才可能用有限的精力和有限的资金收到尽可能好的效果,做到事半功倍。

(五)衡量网络促销效果

网络促销的实施过程到了这一阶段,必须对已经执行的促销内容进行评价,衡量一下促销的实际效果是否达到了预期的促销目标。

第五节 农产品网络营销渠道策略

营销渠道策略是企业市场营销组合的重要组成部分,是为了协调生产与消费之间在数量、品种、时间、地点等方面的矛盾,达到扩大市场,满足市场需求,实现企业目标的重要策略。农产品网络营销渠道的出现,越来越显示出它的强大优势。无论传统企业还是现代企业都越来越重视建立和借助互联网这个通道或媒体开展市场的竞争。

一、农产品网络营销渠道的概念与功能

(一)农产品网络营销渠道的概念

营销渠道是指与为提供产品或服务以供使用或消费这一过程有关的一整套相互依存的机构,它涉及信息沟通、资金转移和

实物转移等。与传统营销渠道一样,农产品网络营销也要选择一定的营销渠道,农产品网络营销渠道是指借助互联网将产品从生产者转移到消费者的中间环节。一方面要为消费者提供产品信息,与消费者开展互动的双向信息沟通;另一方面,在消费者选定产品后能迅速地完成各项交易手续,从而实现企业的营销目标。

(二)农产品网络营销渠道的功能

农产品网络营销渠道的目的是为了更方便、更快捷地把商品和服务送到消费者的手中。具体而言,农产品网络营销渠道有三大功能,订货功能、结算功能和配送功能。

1. 订货功能

它是为消费者提供产品信息,供消费者有效选择,同时方便厂家获取消费者的需求信息,以达到供求平衡。一个完善的订货系统,可以最大限度地降低库存,减少销售费用。

2. 结算功能

消费者在购买产品后,可以有多种方式方便地进行付款,因此,厂家(商家)应有多种结算方式。目前,比较流行的结算方式是网上支付。

3. 配送功能

在前面的介绍中我们已经认识到农产品网络营销产品主要分为有形产品和无形产品两大类。对于无形产品,可以直接通过网上进行配送。对于有形产品的配送,涉及运输和仓储问题。目前国内外已形成专业配送公司,中国的第三方物流配送整体水平不好,所以有部分企业选择自己做物流。

二、农产品网络营销渠道的优势

互联网给企业提供了一种全新的营销渠道,它突破了传统营销渠道的地域限制,把企业和消费者连接在一起,这种新的渠道不仅简化了传统营销渠道的层级构成,而且将售前、售中、售后服务为一体,因此,具有传统营销渠道所无法比拟的优势。

(一)成本优势

在网络环境下的营销,无论是直接分销渠道还是间接分销渠道,都较传统的营销渠道在结构上大大减少了中间的流通环节,因而有效地降低了交易费用,缩短了销售周期,提高了营销活动的效率,具有很强的成本优势。而传统营销渠道具体有以下两个方面:一方面,通过传统的直接分销渠道即直销方式销售产品时,企业通常采用有店铺直销和无店铺直销两种具体方法。另一方面,通过传统的间接分销渠道销售产品,中介机构是必不可少的,而且中介机构往往还不止一个。而中介机构越多,流通费用就越高,从而使产品在价格上不具有竞争优势,产品的竞争能力也就在其流转过程中渐渐丧失了。

(二)结构优势

农产品网络营销渠道分为农产品网络营销直销和农产品网络营销间接分销渠道,直接分销渠道是零级分销渠道,这和传统的直接分销渠道一样,但是,网络的直接分销渠道能通过互联网提供更多的增值信息和服务。农产品网络营销的间接分销渠道只有一级分销渠道,不存在多个中间商的情况,因而也就不存在多级分销渠道能大大减少渠道之间的内耗和渠道成员的管理难度。

功能优势

农产品网络营销渠道使全球商务更加便捷,方便客户随时随地进行信息搜寻及交易的实现;提供了双向的信息传播模式,使生产者和消费者的沟通更加方便畅通;是企业销售产品、提供服务的快捷途径,使传统渠道实现商品所有权转移的作用进一步加强；是企业间洽谈业务、开展商务活动的场所，也是进行客户技术培训和售后服务的理想园地，基于 Internet 的在线服务是企业向客户提供咨询、技术培训和进行消费者教育的平台，对树立企业的网络形象起到很大的作用。

三、网络营销渠道的类型

在传统营销渠道中，营销中间商是营销渠道中的重要组成部分，他们凭借其业务往来关系、经验、专业化和规模经营，提供给公司的利润通常高于自营商店所能获取的利润。但互联网的发展和商业应用，使得传统营销中间商凭借地缘原因获取的优势被互联网的虚拟性所取代，同时互联网的高效率的信息交换，改变着过去传统营销渠道的诸多环节，将错综复杂关系简化为单一关系。但作为分销渠道，农产品网络营销渠道也分为两种形式：网络直接分销渠道和网络间接分销渠道。

（一）网络直销

1. 网络直销的概念

网络直销是指企业通过互联网事先的从生产者到消费者的网络直接营销渠道。常用的农产品网络营销直销渠道是建立自己的网站或委托信息服务商发布信息来直接销售产品和服务的渠道。

2. 网络直销的优点

网络直销与传统直接分销渠道一样，都是没有营销中间商。但相比传统直接分销渠道，网络直销具有以下优点：能够促使产需直接见面；对买卖双方都会产生直接的经济效益；营销人员可以利用多媒体技术和网络工具充分展示商品的特点，使消费者能快速得到有关商品的充足信息，享受个性化服务；能使企业及时了解用户对产品和服务的意见，从而针对性地处理这些意见，提高产品质量,改善经营服务,实现定制营销。

3. 网络直销的缺点

互联网确实使企业有可能直接面对所有顾客,但这又仅仅只是一种可能,面对数以亿计的网站,只有那些真正有特色的网站才会有访问者,直接销售可以多一些,但绝不是全部。互联网给企业带来的更为现实的问题是"赢者通吃"。解决这个问题有两种方法:一是尽快建立高水准的专门服务于商务活动的网络信息服务中心。但这对于一般的企业来说难度较大,在国外绝大多数的企业还都是委托专门的网络信息服务机构。二是借助网络的间接销售渠道。

(二)网络间接分销渠道

1. 网络间接分销渠道的概念

销售市场中介是为生产企业之间、生产企业与最终消费者之间提供各种服务的企业和组织。网络间接分销渠道是指生产者通过融入了互联网技术后的中间商机构把产品销售给最终用户,这些网络市场中介又被称为电子中间商,是借助互联网技术利用电子商务平台实现产销、供需沟通的中间商机构。如目录服务商、搜索引擎服务商、虚拟商场、网络内容服务商、网络零售商、虚拟集市等。

2. 网络中间商的选择

企业选择网络间接分销渠道策略,必须善于选择网络中间商或电子中间商。电子中间商的选择一般需考虑 5 个方面的因素,又称为 5C 因素。

(1)成本(cost)因素。成本是指使用电子中间商信息服务时的支出。主要分为两类:一类是网站建设费用,在中间商网络服务站建立主页时的成本;另一类是维持正常运行时的成本。其中,维持成本是主要的,各电子中间商之间的维持成本差别较大,因此要把它作为选择的因素之一。

（2）信用（credit）。信用即指网络信息服务商所具有的信用度的大小。目前,面对众多的信息服务商我国还没有一个权威性的认证机构。因此,选择中间商时应从各方面去考察他们的信用度。

（3）覆盖（coverage）。覆盖是指网络宣传所能涉及的地区和人数,即网络站点所能影响的市场区域。对某一企业来讲,网络站点的覆盖并非越广越好,主要是看市场覆盖面是否合理、有效,是否能够最终给企业带来经济效益。覆盖的宽窄与付费有明显的相关性,企业应结合产品的特点,选择合理的覆盖。

（4）特色（character）。每一个网络站点都是服务于特定的访问群的,都表现出各自不同的特色。因此,企业应当研究这些顾客群的特点、购买渠道和购买频率,为选择不同的电子中间商打下良好的基础。

（5）连续性（continuity）。密切与中间商的关系,与产品的市场寿命周期一样,网站也有其寿命周期。如果企业想使农产品网络营销稳定而持续地发展,就必须选择能不断升级或具有连续性的网络站点,从而在用户或消费者中建立品牌信誉。

3. 网络间接分销渠道的优点

网络间接分销渠道克服了网络直销的缺点,使网络商品交易中介机构成为网络时代连接买卖双方的枢纽。作为网络间接分销渠道中的电子中间商相对于传统市场中介具有一些优势:简化了市场交易的过程,一个中间商可以使多个生产者与多个消费者进行交易;提高了市场能够交易的效率,有利于实现平均订货量的规模化;便于买卖双方信息的收集,真正做到定制营销。

作为生产者和消费者在网络市场中进行交易的中介组织,互联网上的中间商具有提供信息服务和集中网上交易的功能,从而提高了交易效率,降低了交易费用,是传统企业和现代企业主要的营销渠道。

因此,企业可以选择双道法,同时使用网络直接销售渠道和网络间接分销渠道,以达到销售最大化的目的。

第六节 微营销

一、微营销的概念

在如今以市场需求为主导的经济时代,消费者的需求呈现出精细化和多样化的特点,细分市场日渐成熟,同时在互联网技术快速进步和应用的刺激下,整体市场的发展节奏也在不断加快。因此,企业需要建立一套灵活的管理思维,不断优化企业结构和相关服务,轻装上阵,以自如应对不可预知的市场变化。在这种大环境中,"微营销"概念应运而生。市场营销作为企业实现盈利的重要辅助环节,被众多企业经营者视为制胜法宝,然而传统粗放的推广方法已不能满足精细化市场的营销需求,企业投资回报率也在不断下降,因而市场亟待出现一种更为快捷高效的营销途径。

微营销是以营销战略转型为基础,通过企业营销策划、品牌策划、运营策划、销售方法与策略,注重每一个细节的实现。通过传统方式与互联网思维实现营销新突破。微营销是传统营销与现代农产品网络营销的结合体,在互联网使用中存在有线网络和无线网络;无线农产品网络营销即移动互联网营销就是不用通过网线连接,而是用无线技术连接网络。

需要指出的是,微营销不只是微信营销,微信营销只是微营销的一个组成部分。微博、微信、微信公众平台、微网站、App 同时组合在一起也不是微营销,他们都是实现微营销的一个工具和方法的一部分。那么,微营销 = SNS + 微信? 显然,这种理解也是片面的。下面就先向读者介绍什么是 SNS（Social Net Service）以及由 SNS 衍生而出的 SMM。

二、社会化媒体营销

（一）社会性网络服务与社会化媒体营销

社会性网络服务（Social Net Service）简称 SNS 是通过一个平台来建立人与人之间的社会网络或社会关系的连接,这个平台通常是网络平台,以个人服务为中心,以网络社区服务组为中心。社会化媒体营销（Social Media Marketing）简称 SMM,又称为社会媒体营销、社交媒体营销、社交媒体整合营销、大众弱关系营销,就是利用社会化网络、在线社区、博客、百科或者其他互联网协作平台和媒体来传播和发布资讯,从而形成的营销、销售、公共关系处理和客户关系服务维护及开拓的一种方式。一般社会化媒体营销工具包括论坛、微博、博客、SNS 社区、图片和视频通过自媒体平台或者组织媒体平台进行发布和传播。农产品网络营销中的社会化媒体主要是指具有网络性质的综合站点,其主要特点是网站内容大多由用户自愿提供（UGC）,而用户与站点不存在直接的雇佣关系。

移动通信时代的到来,使社会化媒体与生活的联系更加紧密,其核心就是注重媒体渠道的创新、体验内容的创新以及沟通方式的创新,强调虚拟与现实的互动。这些最适宜的承载平台正来源于社会化媒体的运用。社会化媒体区别于传统传播介质（报纸、杂志、电视、广播）,主要通过互联网技术实现信息的分享、传播,通过不断的交互和提炼,对观点或主题达成深度或者广度的传播,传统媒体的影响力往往难与之匹敌,更谈不上赶超。以 SNS、微信、微博、博客、微电影等为代表的新媒体形式,为企业达成传统广告推广形式之外的低成本传播提供了可能。

(二)社会化媒体营销的优势

社会化媒体营销具有传统网络媒体营销的大部分优势,比如传播内容的多媒体特性、传播不受时空限制,传播信息可沉淀带来的长尾效应等。而与传统营销相比,具有以下显著优势。

第一,社会化媒体可以精准定向目标客户。社交网络掌握了用户大量的信息,抛开侵犯用户隐私的内容不讲,仅仅是用户公开的数据中,就有大量极具价值的信息。不只是年龄、工作等一些表层信息,通过对用户发布和分享内容的分析,可以有效地判断出用户的喜好、消费习惯及购买能力等信息。此外,随着移动互联网的发展,社交用户使用移动终端的比例越来越高,移动互联网基于地理位置的特性也给营销带来极大变革。这样通过对目标用户的精准人群定向以及地理位置定向,我们在社交网络投放广告自然能收到比在传统网络媒体更好的效果。

第二,社会化媒体的互动特性可以拉近企业与用户的距离。互动性曾经是网络媒体相较传统媒体的一个明显优势,但是直到社会化媒体的崛起,我们才真正体验到互动带来的巨大魔力。在传统媒体投放的广告根本无法看到用户的反馈,而在官网或者官方博客上的反馈也是单向或者延时的,互动的持续性差。往往是我们发布了广告或者新闻,然后看到用户的评论和反馈,而继续深入互动却难度很大,企业与用户持续沟通的渠道不顺畅。而社交网络使我们有了企业的官方微博或官方微信,在这些平台上,企业和顾客都是社交大平台上的用户,先天的平等性和社交网络的沟通便利性使得企业和顾客能更好的互动,相处融洽,形成良好的企业品牌形象。此外,微信、微博等社交媒体是一个天然的客户关系管理系统,通过寻找用户对企业品牌或产品的讨论或者埋怨,可以迅速地做出反馈,解决用户的问题。如果企业官方账号能与顾客或者潜在顾客形成良好的关系,让顾客把企业账号作为一个朋友的账号来对待,那企业所获得的价值是难以估量的。

第三,社会化媒体的大数据特性可以帮助我们低成本的进行舆论监控和市场调查。首先,通过社交媒体企业可以低成本的进行舆论监控。在社交网络出现以前,企业想对用户进行舆论监控的难度很大。而如今,社交媒体在企业危机公关时发挥的作用已经得到广泛认可,任何一个负面消息都是从小范围开始扩散的,只要企业能随时进行舆论监控,可以有效地降低企业品牌危机产生和扩散的可能。其次,通过对社交平台大量数据的分析,或者进行市场调查,企业能有效挖掘出用户的需求,为产品设计开发提供很好的市场依据,比如草莓供应商如果发现在社交网站上有大量用户寻找盆栽草莓信息,就可以加大这类产品的种植,在社交网络出现以前,这几乎是不可能实现的,而如今,只要提供一些免费小礼品或者在社交媒体做一个活动,就会收到海量的用户反馈。最后,社会化媒体让企业获得了低成本组织的力量,反言之,无组织的组织力量确实是互联网带给我们的最大感触。通过社交网络,企业可以以很低的成本组织起一个庞大的粉丝宣传团队,而粉丝带给企业的价值回报则无法估量,这就是社会化媒体口碑营销的效应。此外,社会化媒体的公开信息也可以使我们有效地寻找到意见领袖,通过对意见领袖的宣传攻势,自然可以收获比大面积撒网更好的效果。社会化媒体在营销方面的优势显而易见,但是同时也还存在很多问题。比如社会化媒体营销的可控性差,投入产出难以精确计算等。

三、微信营销

微信自 2011 年开始出现,用户数已超过 6 亿。获取信息的方式在不断改变,从通过报纸或电视获取信息到通过联网 PC 浏览信息到打开微博关注热点再到打开微信看自己的朋友圈。

随着微信用户规模迅速扩张,微信在功能上的创新使其在商业应用领域不断创下新的应用案例。从"查找附近的人"功能的探索,到"扫一扫"O2O模式的引入,再到公众平台及微信商城,微信打开了微经济的魔盒,释放出无限想象空间。首先,微信是一个变相的即时通讯工具。微信可以发送语音、视频、图片、文字等多形式的信息,用户可以通过手机客户端和网页登录;微信还提供公众平台、朋友圈、漂流瓶、摇一摇、消息推送等功能,这些功能体现出与QQ的差异化。但是,与QQ最大的不同在于微信跟手机通讯录的联系,形成了更加真实的关系链,打通了人们之间真实关系以及互联网之间虚拟关系的联系。微信的这些功能提供了一个更加真实的社交关系网络,并且在多种情况下可以取代短信、电话来进行联系,因此威胁到通信运营商的利益,这从侧面也反映出它受欢迎的程度。其次,微信是一个简化的App(应用程序)。对于没有App客户端的公众账号来说,微信是一个低成本、高效率的解决之道:简化生产流程、降低维护成本、让客户专注于生产与服务。没有App开发能力的个人或企业,完全可以在拥有6亿用户的微信平台上建立一个公众账号,几乎没有生产成本、维护成本、渠道成本,就直接生产内容或提供服务。再次,微信成就了一个自媒体时代。自媒体又称为"公民媒体",是指私人化、平民化、普泛化、自主化的传播者以电子化的手段向单个人传递信息的新媒体。目前,微信已成为自媒体的最主要形式。

四、创意营销

要想达到低成本、高性价比的"微营销",创意和新传播手段必不可少,而微时代,碎片化的媒体传播方式正为这种四两拨千斤的营销提供可能。在网络经济时代,创意成为营销不可或缺的驱动力。众多商家充分运用创意营销,颠覆传统营销思路,让消费者在互动中感受企业理念，在主动中感知产品信息。微电影营销是创意营销颇具代表性的一种营销手段，微电影营销完全可以让企业只花几万就能达到几十万甚至几千万的广告效果。在如今广告满天飞的网络环境中，仅仅一篇广告视频、一段宣传文字已经远远不能吸引网民的注意，唯有以独到的创意展现内容的新奇，才能够吸引受众的眼球，让其驻足围观一个企业。能讲好故事，就可以花很少的钱达到更好的营销效果，而真正能讲好一个故事，源于一个好的剧本。当亿万网民为一部微电影情节津津乐道时，最令人感激的应该是幕后的创作者，是他们日夜苦思创作，让我们看到这么好的作品。

五、事件营销

事件营销是指企业通过策划、组织和利用具有新闻价值、社会影响以及名人效应的人物或事件，吸引媒体、社会团体和消费者的兴趣与关注，以求提高企业或产品的知名度、美誉度，树立良好品牌形象，并最终促成产品或服务的销售手段和方式。事件营销是国内外十分流行的一种公关传播与市场推广手段，集新闻效应、广告效应、公共关系、形象传播、客户关系于一体，并为新产品推介、品牌展示创造机会，建立品牌识别和品牌定位，形成一种快速提升品牌知名度与美誉度的营销手段。由于移动传媒例如微信、微博等信息传递的特性，一个事件或者一个话题可以更轻松地进行传播和引起关注，成功的事件营销案例开始大量出现。事件营销具有针对性、主动性、保密性、不可控风险、可亲性、趣味性等特征。在进行事件营销实施时须把握与企业形象保持一致、大企业必须谨小慎微、有选择地向媒体透漏信息等关键原则。事件营销可选择的策略有名人攻略、体育攻略和实事功略。

六、口碑营销

(一)口碑营销

口碑营销是指企业在品牌建立过程中,通过客户间的相互交流将自己的产品信息或者品牌传播开来。口碑(Word of Mouth)源于传播学,由于被市场营销广泛应用,所以,有了口碑营销。传统的口碑营销是指企业通过朋友、亲戚的相互交流将自己的产品信息或者品牌传播开来。"口碑传播"指的是用户个体之间关于产品与服务看法的非正式传播。口碑传播其中一个最重要的特征就是可信度高,因为在一般情况下,口碑传播都发生在朋友、亲戚、同事、同学等关系较为密切的群体之间,在口碑传播过程之前,他们之间已经建立了一种长期稳定的关系。高可信度特征是口碑传播的核心,也是开展口碑宣传的最佳理由,与其不惜巨资投入广告、促销活动、公关活动来吸引潜在消费者的目光借以产生"眼球经济"效应,增加消费者的忠诚度,不如通过这种相对简单奏效的"用户告诉用户"的方式来达到这个目的。良好的品牌口碑营销效应是经过获得关注、搜集信息、深入了解、购买体验、感受分享这五大步骤形成的。在运作这种营销手段时,必须把握其实质:口碑是目标;营销是手段;产品是基石。

(二)网络口碑营销

网络口碑营销(Internet Word of Mouth Marketing),简称IWOM,就是将口碑营销应用于互联网的信息传播技术与平台,通过消费者以文字等表达方式为载体的口碑信息,其中包括:企业与消费者之间的互动信息,可以为企业营销开辟新的通道,获取新的效益。它是口碑营销与农产品网络营销的有机结合。口碑营销实际上早已有之,地方特产、老字号厂家商铺及企业的品牌战略等,其中,都包含有口碑营销的因素。农产品网络营销则是互联网兴起以后才有的一种网上商务活动,它逐步由门户广告营销、搜索广告营销发展到网络口碑营销。事实上,口碑营销一词的走俏来源于网络,其产生背景是博客、论坛这类互动型网络应用的普及,并逐渐成为各大网站流量最大的频道,甚至超道的流量。

影响网络口碑营销效应的因素主要包括产品定位、传播因子及传播渠道。关于产品定位,很多营销人员希望口碑营销能够超越传统营销方法,但是如果营销的产品消费者不喜欢,很容易产生负面的口碑效果,结果不但没有起到促进作用,甚至导致产品提前退出市场。传播因子具有很强的持续性、故事性,能够吸引消费者持续关注,并且容易引申和扩散。营销模型决定着传播渠道,传播渠道的选择主要由产品目标用户群的特征决定,除了传统媒体和网络媒体,最具有影响力和最适合口碑营销的渠道是博客、论坛和人际交互。

网络口碑营销相较于其他营销的优势在于:宣传费用低、可信任度高、针对性强、具有团体性、提升企业形象、发掘潜在消费者成功率高、影响消费者决策、缔结品牌忠诚度、更加具有亲和力、避开对手锋芒。

(三)口碑优化

口碑优化演绎了口碑营销与搜索引擎优化的完美结合,利用传播平台在搜索引擎的收录排名优势,进行热点关键词的排名优化,使得口碑信息能在搜索关键词时在众多信息中脱颖而出获得首页的良好排名,扩大分享平台口碑源。

口碑优化的价值在于,它是定位企业、品牌的最佳推广关键词以及口碑推广内容的方向;能够提高企业、品牌信息收录率;能够提升企业、品牌关键词优化排名,获取行业竞争先机;能够提高企业、品牌口碑信息覆盖量,为品牌建设奠定良好的网络口碑环境基础。

口碑优化的优势在于,营销效果可视化就是说只要搜索企业优化关键词就可以看到营销内容及效果;营销数据可追踪性即营销效果周期长,数据效果可持续追踪统计;营销服务行业排他性即营销效果为关键词首页排名,名额有限;营销形式独特性即此方式是唯一基于 SEO 理念策划、撰稿、优化和维护的口碑营销服务。

七、博客营销

所谓博客营销,也称拜访式营销,它是基于博客这种网络应用形式的营销推广。企业通过博客这种平台向目标群体传递有价值的信息,最终实现营销目标的传播推广过程。博客作为一种新的营销平台,其核心是互动、身份识别和招展。博客的优点在于针对性强、性价比高、更容易抓住目标群体的眼球。

博客自 2002 年引入中国以来,发展迅猛。据中国互联网络信息中心(CNNIC)数据显示,截至 2014 年 6 月,博客应用在网民中的用户规模达到 44 430 万人,使用率为 69.4%。博客不仅是网民参与互联网互动的重要体现,也是网络媒体信息渠道之一。博客以其真实性与交互性成为越来越多的网民获取信息的主要方式之一。博客的巨大影响力也使越来越多的企业意识到博客的重要性,并逐渐参与到博客营销的热潮中来,通过博客来树立企业在网民心目中的形象。

从某种意义上说,企业博客营销是站在“巨人”肩膀上进行的营销。因为博客一般都是建在新浪、搜狐、网易、腾讯等大型门户网站的平台上或者博客园、中国博客网等专业的博客平台上。首先,这些平台本身就增加了网民对企业博客的信赖感。其次,一旦企业博客的内容被推荐到网站首页或者博客频道的首页,企业就会被更多的网民所关注。

八、微博营销

利用微博可以进行个人微博营销和企业微博营销。微博营销的营销技巧体现在以下 10 个方面。

(一)微博的数量不在于多而在于精

做微博时要讲究专注,因为一个人的精力是有限的,杂乱无章的内容只会浪费时间和精力,所以我们要做精,重拳出击才会取得好的效果。今天一个主题,明天一个主题,换来换去结果一个也做不成功。

(二)个性化的名称

一个好的微博名称不仅便于用户记忆,也可以取得不错的搜索流量。这跟我们结网站取名类似,好的网站名称都是简洁、易记的。当然,企业如果准备建立微博,在微博上进行营销,那么可以取为企业名称、产品名称或者个性名称来作为微博的用户名称。

(三)巧妙地利用模板

一般的微博平台都会提供一些模板给用户,企业可以选择与行业特色相符合的风格,这样更贴切微博的内容。当然,如果企业有能力自己设计一套有自己特色的模板风格也是不错的选择。

(四)使用搜索检索,查看与自己相关的内容

每个微博平台都会有自己的搜索功能,我们可以利用该功能对自己已经发布的话题进行搜索,查看一下自己内容的排名榜,与别人微博的内容进行对比。企业可以看到微博的评论数量、转发次数,以及关键词的提到次数,这样可以了解微博带来的营销效果。

(五)定期更新微博信息

微博平台一般对发布信息的频率没有限制,但对于营销来说,微博的热度和关注度来自于微博的可持续话题,所以要不断制造新的话题,发布与企业相关信息,这样才可以吸引目标客户的关注。因为刚发的信息可能很快被后面的信息覆盖,所以要想长期吸引客户的注意,必须要对微博定期进行更新,这样才能保证微博的可持续发展。

(六)善于回复客户的评论

企业要及时查看并回复微博上客户的评论,在自身被关注的同时也去关注客户的动态,既然是互动,那就得相互动起来,才会有来有往。如果企业想获取更多的评论,就要以积极的态度去对待评论,回复评论也是对客户的一种尊重。

(七)灵活运用"#"和"@"符号

微博中发布内容时,两个间的文字是话题的内容,企业可以在后面加入自己的见解。如果要把某个活跃用户引入,可以使用"@"符号,意思是"向某人说",如"@微博用户欢迎您的参与"。在微博菜单中点击"@我的",就能查看提到自己的话题。

(八)学会使用私信

与微博的文字限制相比较,私信可以容纳更多的文字。只要对方是企业的客户,企业就可以通过发私信的方式将更多的内容通知对方。因为私信可以保护收信人和发信人的隐私,所以当活动展开时,发私信的方法会显得更尊重客户一些。

(九)确保信息真实与透明

在搞一些优惠活动和促销活动时,当以企业的形式发布,要即时兑现,并公开得奖情况,获得客户的信任。微博上发布的信息要与网站上面一致,并且在微博上及时对活动进行跟踪报道,确保活动的持续开展,以吸引更多客户的加入。

(十) 不能只发产品企业或广告内容

有的微博很直接,天天发布大量的产品信息或者广告宣传等内容,基本没有自己的特色。这种微博虽然别人知道企业是做什么的,但是绝不会加以关注。微博不是单纯广告平台,微博的意义在于信息分享,没兴趣是不会产品互动的。企业应当注意话题的娱乐性、趣味性和幽默感等。

第七节　农产品电子商务的推广

电子商务近年来备受瞩目,在城市占据相当一部分的商业市场。而在城市市场日渐饱和的前提下,越来越多的电商把目光投向了广阔的农村市场。

一、农村市场的潜力

虽然与发展较早的城市相比,农村的网络接受度较低,但是从另一个角度来说,一线甚至二线城市发展的速度都不可避免地开始放缓,所以农村便成为一个还未完全被开发的"第二市场"。

农村人口基数大,巨大的人口数量实质上也代表了巨大的潜力,如果被挖掘出来,能量将不可估量。

根据《第三十五次中国互联网络发展状况统计报告》显示:截至 2014 年 12 月,我国网民的数量已经达到了 6.49 亿人,互联网普及率达到了 47.9%,其中农村网民是 1.78 亿人,其所占比例为 27.4%;而据另一份调查数据显示:中国目前行政村数量已经达到了 68 万个,农村人口为 9.4 亿人,长期居住在农村的数量为 7.5 亿人。

网络使用人数的多少代表着信息化的普及程度。我国信息化自城市发源和发展,以放射状向农村辐射,农村信息化虽然暂时还有所不足,但正是因为不足,其以后的发展空间才更显巨大。随着计算机、网络、智能手机等不断普及,信息化的脚步将明显加快,农村未来必然会以其明显的人口优势成为我国电商的主打市场。

而且,在三线以下的城镇和农村,实体商业如零售业的店面分布将不能满足农村人购买的需要,加之网络的普及,人们更会把目光投向网络购物,因此电商在满足消费者需求这一方面占有较为明显的优势,将会成为释放消费需求压力的一个重要出口。

二、电商在农村的推广途径

农村大多有其独特的地缘特点,相对于城市来说较为偏远,而大多数商业形式在此类地区的延伸往往有一定的滞后性。那么,如何让电商迅速地延伸到农村千家万户的门口,便成了电商企业密切关注的问题。

以京东为例,大力培植乡村推广员便是一个重要的手段。这类人员是从农村当地选拔出来的,往往具有相对较高的购买力,对网络消费有着紧跟时代的意识,并且在当地有很好的人缘。这些人受京东邀请加入他们的团队,为京东的商业做推广,把商品或者销售信息带到村民家中。

"我们所要关心的就是如何把准确而实惠的信息送到村民家中,毕竟村民对于电商的了解还比较有限,而在这有限的了解中他们对京东的信任程度还是比较高的。"一名乡村推广员很诚恳地说道。

目前,京东乡村推广员的数量还在不断增长,以此为中心所建立的服务点数量也在迅速增多,所形成的服务覆盖面积逐步扩大。按照原本的计划,在 2015 年 3 月初便形成推广人员突破3 000人、服务中心达到 30 个、覆盖县城超过 50 个这样的规模。

由此可见京东对于农村的消费市场抱有极大的信心,而这一举措也势必会提高农村人通过京东而达成的网络成单量,从而拉动农村的消费水平,并能给农村人提供形式更加丰富也更加便捷的电商服务。

当然,在这一领域京东并非一枝独秀,其他电商如苏宁、阿里巴巴等都已经将脉络延伸到了乡村。阿里巴巴在2014年12月就推出了"千县万村"的计划,计划在3到5年之内进行投资,投资的数额高达100亿元,准备在县级地区建立1 000个运营中心,同时在村级地区建立10万个服务站。

由此可见,各大电商企业都在努力抓住这次难得的商机,把县、村等地作为自己企业长远发展的一大"根据地"。

三、电商在农村发展的障碍

农村的市场固然是巨大的,但这一市场也存在其固有的问题。农村经济收入主要来源于农产品的外销,通过网络途径进行外销也是电商在乡村运行的一个重要方面。此外,网络购入的产品要想进村也是一大难题。这样"一出一进",便构成了电商在农村发展的一大阻碍。如何解决这一阻碍,关键是要解决以下问题。

(一)农民对网络购物的认识问题

尽管我国网络发展延伸到农村已经有一些时日,但是,农村人对于网购的认识尚在发展之中。传统的购买模式在农村人的观念中已形成良久,实体交易依然是其主要的交易方式。换言之,农村人对于借助于网络平台完成的交易还存在一定的不信任。

不少乡村推广员表示,他们需要反复地进行演示和讲解,村民才能在一定程度上消除对于网购会买到假货甚至付了钱拿不到货的疑虑。由此可见,解决农村人观念上对于电商的不了解或者是误解是电商能够在乡村打开局面的一个极为重要的前提。

(二)物流配送的覆盖率以及成本问题

现如今,电商的配送途径主要依靠中国邮政、"四通"(申通、中通、圆通、汇通)、韵达等物流公司,而这些物流公司所设立的配送点还不是十分全面。

据国家统计局2014年6月的数据显示:有将近六成的农村居民认为收发快递十分不方便,有些乡村没有收发点,村民只能到距离较远的县城里。尤其是价格较为便宜的民营快递,所建立的网点偏少。而覆盖率较高的快递,例如国营的中国邮政,其费用又相对过高,无论是向内"购入"还是向外"产出",不少村民都表示无法承担高昂的物流费用。如此一来,物流问题无疑就成为阻碍电商在乡村发展的一个"瓶颈"。

(三)电商团队人才的缺乏问题

绝大多数电商都不可能完全做到给各个乡村配送专门的电商人才,吸纳当地人加入团队无疑是最经济也是最便捷的方法。但是由于电商经济的特点,对于这类人才又有特殊的要求,比如要熟悉网购交易,了解农村市场的详情,甚至要懂得一定的农业知识。由于计算机和网络在农村发展的相对滞后,这样的人才实在偏少。

对于电商来说,在巨大的竞争压力下,既要开拓农村市场,保证商业运营,又要培养电商人才,所牵扯和耗费的精力实在过大。

四、打造农产品电子商务

随着互联网的发展,互联网与很多行业开始融合,但是,在最传统的农业领域却屡屡受挫,除了几个产地直采的生鲜电商之外,互联网在农业领域几无建树。

农业与其他行业的不同,本质上是农村与城市的不同,农村资源与城市社区资源的不同。社区资源主要由消费者构成,商家很少,而作为农村资源的主体,农民同时充当着商家、生产者与消费者的角色,他们既可以把产品卖给消费者,也可以提供给其他商家,还可以从其他商家手中购买自己所需,这使供应链系统变得更加复杂。

因为涉及农村,所以,农产品电子商务并不仅仅是互联网跨界一个行业那么简单,做农产品电子商务需要从解决"三农"问题的角度出发,应该把农产品电子商务作为一个"三农"问题的解决方案来考虑,这就要求农产品电子商务不仅仅是互联网销售平台,至少还需要有O2O本地服务功能。

(一)城镇化现状:农民走向城市,资源趋向整合

农民增收、农业发展、农村稳定这3个问题,其实是从农民的身份、行业、居住环境3个方面出发的一体化问题,解决方案也必须包含这3个方面。

传统的农村作业以家庭为单位从事农业生产,这种模式生产力低下,生产效率有限,而通过资源整合,将分散的农田整合成规模化的种植基地,将每家每户的畜牧业资源整合成大型的养殖基地,就能够大大提高这些资源的产出效率和价值。

四五年前开始推行的农村社区化行动,就是一种农村资源整合方案,通过将村落合并成社区的方式,将农村的人力资源、土地资源都集中在一起,整合后的土地资源用于规模化种植或者建立工厂,人力资源则重新分配进入工厂或者种植基地工作,通过这种资源整合的方式来解决"三农"问题,这就是农村未来的发展方向。

农村社区化也是推行农村城镇化路线的一次尝试。随着越来越多的农村人口涌入城市,长居于农村的劳动力资源越来越少,已经不能够支持传统的生产方式,所以逐渐有农民卖掉自己的农田和牲畜,或者将农田承包给其他人,自己进城务工或者搬去城市与子女同住。这样一来,农村土地资源逐渐集中起来,形成一些中小型的农场和养殖场,土地产值得到大幅度提高。

(二)农产品电子商务应该怎么做

农村资源整合以后,生产力得到大幅度提高,生产出来的更多产品需要销售出去,这就为农产品电子商务提供了发展契机。

从 2013 年年底开始,阿里、京东等电商巨头纷纷涌入农村地区进行声势浩大的刷墙宣传,然而这些电商无法将供应链及需求链完全下沉到农村市场,也无法将农民群体培养成可以团队运营的成熟电商,所以很多电商在农村市场未能成功。

传统的电商模式在农村市场水土不服,然而农产品电子商务就没有其他解决方案了吗?换一个角度来看,农产品销售只有城市市场这一条出路吗?当然不是。农村之所以能够长期封闭,是因为农村本来就可以支撑一个完整的生态,农民既是生产者也是消费者,农村既生产产品,也同时拥有庞大的市场需求。换句话说,农民并不一定非要把产品卖到外面的市场,本地平台也可以解决农资产品再分配的问题。

于是,土生土长的本地化农产品电子商务平台"村村乐"就这样诞生了。"村村乐"既不同于淘宝那种一个卖家对应无限买家的营销模式,也不同于"58 同城""赶集网"那种围绕个人生活的服务模式,而是一个以村为单位、只做本地产品、服务本地企业和用户的综合性服务平台。

电商的发展离不开四通八达的物流系统的支持,而农村并不具备这样的条件,所以物流成为农产品电子商务发展的最大阻碍,电商巨头们也只能望农村兴叹。等到京东的自建物流覆盖农村,或者四通八达下沉到乡镇,电商巨头们才能真正开进农村市场,然而短时间内是绝对不可能实现的。

针对物流问题,"村村乐"想出了完全不同的思路,将交易范围缩小到邻里乡亲,所有交易尽量就近完成,不同村落之间的交易,则以村为单位进行,比如将本村的所有供应信息集中于一处,让外部的购买者一目了然;整合当地的农家店资源,让村里的小卖部身兼数职,不仅可以卖自己店内产品,还可以作为"村村乐"的O2O线下平台,销售网站上的产品和服务。

这种商业模式绕过了物流环节,交易双方可以直接现场交易,或者协商其他方法,而"村村乐"在这个过程中充当了信息中介的角色,只负责将乡里乡亲的供应需求和购买需求嫁接在一起。

（三）农村城镇化及产业升级:需要更多的"村村乐"

农业包括农林牧副渔多种产业,电子商务尽管积极布局农业电商,但是至今的成果只有生鲜电商、农产品电商和农资电商,还有广阔的领域尚未开发,而且不同的商业模式都需要建立自己的产业链,生成自己的产业族群,所以农业电商市场潜力巨大,牵涉环节众多,范围极广。

2014年一年,全国农产品电子商务市场交易总额达到2 000亿元,其中,大部分来自淘宝、京东等传统电商巨头,"村村乐"之类的本地化农产品电子商务贡献的份额微乎其微,主要是因为他们的规模和名声都太小。到2014年年底,"村村乐"已经拥有了1 000万个会员,30万村庄论坛的版主,但放在全国6亿人的农民群体中,这样的规模实在太小,所以需要有更多的力量加入才能满足农村的需求。

农产品电子商务生态极为复杂,因为农民既是生产者也是消费者,不仅有购物需求也有销售需求。在需求产业链上,农村居于产业链的下游,在供应产业链上,农村又居于产业链的上游,也就是说,农产品电子商务模式应该是一种双向的商业供需模式。

农村商业拥有足够大的市场发展潜力,吸引着各大电商追逐而来,而他们在布局农产品电子商务时又遇到供应链太长的问题,难以下沉到农村市场,如果与本地化平台进行对接,就可以大幅度加快农产品电子商务的布局。将来,无论是电商巨头加速渠道下沉,还是本地化电商平台继续扩张,都会为农村居民带来更好的商业环境和服务,让农民生活更加便利,这样的平台多多益善。

模块九　农产品电子商务与期货交易

第一节　农产品期货交易的产生和发展

一、农产品期货交易的内涵

早期的农产品期货交易是通过交易所以合约的方式交收现货商品。大部分交易者是商品的生产者、使用者和贸易商,他们利用商品交易所寻找对手,签订商品合约,待合约期满时,双方以现货交收来了结交易。初期的交易所主要便于商品生产经营者和用户确定商品的来源和成本,使他们能提前安排运输、存储、生产和销售。现代的农产品期货交易已经发生了很大变化,套期保值者和投机交易者越来越多。

相对于现货交易来说,期货交易是通过标准化的期货合约来买卖远期商品的一种交易。期货交易是在现货交易的基础上发展起来的,它虽然仍必须以商品和货币的互相换位作为基础,但已基本上脱离了实货商品市场而独立出来,成为一种买卖标准化期货合约的"纸上交易"方式。一般来讲,期货合约实物交收的比例是非常小的。

二、农产品期货交易的产生

农产品的现货交易由最初的物物交换开始,直到货币的产生,实现了货币与实物的交换,再到买卖双方为避免现货市场价格风险而产生的对未来商品的远期合同交易(期货市场的初级形式),再到期货交易,其中,都经历了较为复杂的过程。

现代意义的农产品期货市场是1848年由82位谷物商人创立的芝加哥期货交易所(CBOT)开始的,此后,芝加哥期货交易所实现了保证金制并成立结算公司,成为严格意义上的期货市场。芝加哥期货交易所的产生是由于美国中西部大规模开发使得大宗农产品逐步走上了商品化的道路,芝加哥也发展成为了重要的谷物集散地。在发展初期,芝加哥期货交易所主要为买卖双方提供见面的场所,使双方交流买卖信息、洽谈业务、乃至达成交易。在当时的现货市场上,谷物的价格随着季节的交替频繁变动。每年谷物收获季节,生产者将谷物运到芝加哥寻找买主,使市场饱和,价格暴跌。由于当时又缺少足够的存储设施,到了第二年春天,谷物匮乏,价格上涨,消费者的利益又受到损害,这就迫切需要建立一种远期定价机制以稳定供求关系,农产品期货市场正是在这种背景下应运而生。农产品期货电子交易,即将未来的农产品以一种标准化的远期合约,进行撮合竞价的一种交易方式。

三、农产品期货交易市场的发展

随着经济的发展,世界农产品期货市场不断涌现,如东京谷物交易所(TGE)、纽约棉花交易所(NYCE)等。2007年7月12日,芝加哥期货交易所(CBOT)与芝加哥商品交易所(CME)合并成为全球最大的衍生品交易所即芝加哥商品交易所集团(CME Group Inc.),该所以上市大豆、玉米、小麦等农产品期货品种为主,这些品种是目前国际上最权威的期货品种,其价格也是最权威的期货价格。随着现货生产和流通的扩大,不断有新的期货品种出现。除小麦、玉米、大豆等谷物期货外,从19世纪后期到20世纪初,随着新的交易所在芝加哥、纽约、堪萨斯等地出现,棉花、咖啡、可可等经济作物,黄油、鸡蛋以及后来的生猪、活牛、猪腩等畜禽产品,木材、天然橡胶等林产品期货也陆续上市并得到快速发展。目前农产品期货市场及主要的农产品期货品种主要集中在美国(除天然橡胶主要在日本东京工业品交易所交易外),从所涉及的农产品期货品种来看,品种范围也非常广泛,基本涵盖了所有适于期货交易的农产品种类。

从我国农产品期货市场的发展来看,20世纪90年代成立了郑州粮食批发市场,1991年3月签订了第1份小麦远期交易合同,奠定了中国农产品期货市场发育的基础。作为新生事物,其初期发展较为盲目,发展也缺乏一定的规范性。1993年11月国务院发布了《关于坚决制止期货市场盲目发展的通知》,开始对期货市场进行清理整顿,初步建立统一的监管机构,清理整顿期货交易所和期货经纪公司,初步清理整顿交易品种,规范期货市场动作等。1997年和1998年政府加大了对期货市场的调整,中国的农产品期货市场进入相对平衡的试点发展时期。1999年颁布了《期货交易管理暂行条例》及配套办法等,经过调整,中国期货市场的法规体系和制度框架基本构建起来。2001年3月,国家在"十五"规划纲要中首次提出"稳步发展期货市场",自此我国期货市场进入了规范发展阶段,期货市场交易额不断增长,但农产品期货成交额仍占据期货市场的主导力量。

我国目前拥有四家期货交易所(郑州商品交易所、大连商品交易所、上海期货交易所、中国金融期货交易所),其中,农产品期货交易所为三家,交易比较活跃的农产品主要有大豆、豆粕、豆油、天然橡胶、玉米、强麦、白糖等,与世界发达国家的期货交易农产品的品种相比较,我国的期货品种还很少。

我国三家期货交易所中,大连商品交易所与郑州商品交易所现阶段以农产品期货交易为主。大连商品交易所经批准交易的品种有大豆、豆粕、啤酒大麦,玉米期货的各项筹备工作已基本完成,已上市;郑州商品交易所批准交易的品种有小麦、绿豆、红小豆、花生仁。大连商品交易所的大豆品种是目前国内最活跃的大宗农产品期货品种,大连商品交易所现已成为国内最大的农产品期货交易所,世界非转基因大豆期货交易中心和价格发现中心。

第二节　电子商务与农产品期货交易

目前,农产品在一般的意义上仍体现为现货电子交易为主,它是建立在实物基础上的一种交易方式,在电子商务越来越发达的社会,现货也被以一种电子交易方式来进行电子商务化的操作,成为了介于贸易与金融之间的一种新的投资方式。现货电子交易,是把现有的货物(现货)通过电子商务的形式,在网上按照一定的标准通过集合竞价来统一的撮合成交。通过现货电子交易的方式,可以达到很多的优势与便利,节约交易成本与交易费用。综合来看,现货电子交易,本身是为了商品的所有权的转换,但是由于商品的双重性质以及市场的结构,又带来了其一定的金融形式。

随着城镇化进程的不断加快,流通基础设施不断完善,人们的消费方式日益多元化,农产品电子商务市场发展迅速。尤其是2014年3月发布的《国家新型城镇化规划(2014—2020年)》中,明确提出了加快发展农产品电子商务的方针,提出统筹规划农产品市场流通网络布局,重点支持重要农产品集散地、优势农产品产地批发市场建设,加强农产品期货市场建设。通过发展农产品电子商务,实现流通费用的有效降低。

第三节　农产品期货交易的特点

一、期货交易必须在专门的交易所内进行

期货交易必须在专门的高度组织化的交易所内进行，一般不允许场外分散地进行交易。由于期货交易所实行会员交易制度，非期货交易所会员只能委托期货交易所会员组建的期货经纪公司进行代理交易，买卖双方并不直接见面。

在农产品期货市场上，所有的交易都要集中在期货交易所内以公开、公正、公平竞争的方式，一对一的谈判交易视为违法，目前期货市场的总价方式主要有公开喊价和电子化交易，在场外的交易者必须委托期货经纪公司代理交易。期货交易市场的公开性、平等性和竞争性，使期货价格能够比较准确地反映和预测真实的供求关系及其变动趋势。

此外，期货交易所不仅为期货交易者提供交易的场所，而且为期货交易制定了必要的交易规则；期货交易所还为在交易所内达成的交易提供财务上的担保。

二、期货合约的标准化

期货交易是通过买卖一种特殊的"商品"，即期货合约进行的，期货交易的产生就是以标准化期货合约的出现为标志的。农产品期货合约是一种由期货交易所统一制定、在交易所内集中交易、受法律约束并规定在未来的某一特定时间和某一特定地点交割一定数量和一定质量的某种特定农产品的标准化合约。

之所以称为标准化的期货合约，是因为农产品期货合约是标准化的、公众的一种约定；在标准化的农产品期货合约中，农

产品的数量单位、品质等级、合约月份、交割时间、交割地点、报价单位、最小变动价位、每日价格最大波动幅度、交易时间、最后交易日、交易手续费等都是既定的,不仅简化了期货交易手续,还防止了交易双方因对合约条款有不同理解而产生争议或纠纷。在签订期货合约时,签约双方只需在合约上注明商品品名、交割月份、当时的成交价格、签约双方的姓名。合约签订后,在各种因素中,价格成为唯一变动的因素,而价格是在交易所内以公开公平竞争的方式达成的。

三、期货交易的商品具有特殊性

期货交易中的商品与现货交易有所不同,许多在现货交易中的商品并不适宜期货交易,不能进入期货市场。尽管现代期货交易的交易品种增加不少,但仍具有一定的特殊性。

由于农产品期货市场中交易的商品是一些具有代表性并且需要具备一定条件的特定农产品。因此,一方面,需要进入农产品期货市场交易的农产品本身应具备两个基本条件或特征:一是品质等级易于标准化,即拥有明显的进行划分和评价品质等级标准的农产品,以满足期货合约中品质等级标准化的需要。二是能够长期贮藏而且适于运输,即可以较长时间贮藏或运输而不会变质的农产品,以适应期货合约中交割日期标准化的需要。

四、期货合约中实货交割的比例很小

与现货交易相比,期货交易事先签订在未来某个时间交割实货商品的期货合约,也以商品和货币的互相换位为基础。但由于期货交易在聚集着众多买者和违者的期货交易所内进行,标准化期货合约的买卖很容易实现,使得一份期货合约从签订到交割期的一段时间内会被多次买进卖出,实货交收的比例很

小。因此,农产品期货市场交易的目的不是为了获得实物农产品,也不是为了实现农产品所有权的转移,而是通过农产品期货合约交易转嫁由于农产品价格波动所带来的风险,或者获得风险投资利益。具体来说,从事农产品期货交易的交易者的目的是为了利用农产品期货市场进行套期保值,以避免现货价格波动的风险,或是为了利用期货市场价格的上下波动来投机获利。

五、期货交易所为期货交易提供履约担保

在期货交易所内进行的期货交易,其交易者必须遵守由期货交易所制定的各项规章制度,特别是保证金制度、无负债结算制度等。凡在期货交易所内达成并符合期货交易所规定的期货交易,交易所都提供履约担保,交易者不必担心对方不履约,消除了在期货交易中的后顾之忧。同时,交易所为期货交易者提供履约担保,也有效地保证了期货交易的正常开展。

第四节　农产品期货交易的功能

若将商品交换关系的总和称作市场,则期货市场也可以表示为期货交易交换关系的总和。期货交易一个极为重要的特点是期货合约的买卖必须在期货交易所内进行,所以人们通常把期货交易所称作期货市场。期货市场是随着期货交易量的扩大和期货品种的增加而发展起来的;期货市场的发展也为期货交易的进一步发展创造了条件。

市场的发展与它在经济发展中的作用紧密联系,期货市场与期货交易的发展也与它在经济运行的两个基本经济功能分不开。期货市场的两大功能中,一是发现价格,二是回避风险,这也是农产品期货市场最基本和最重要的功能。

一、转移价格风险功能

在商品交易过程中价格变动的风险是普遍存在的。随着商品供求关系的变化,商品价格也随之发生变化,价格变动的风险必然在流动环节有人承担。农产品现货市场风险有很多,如交易主体的违约风险、政策风险等,价格波动风险是其中的一种,从某种意义上可以说是一种最大的风险。由于供给形成期和缩减期的存在,以及农产品现货市场价格的局限性和价格机制调节的滞后性,使得现货市场经常会出现周期性的价格波动,即使有均衡,也是短暂的通过价格涨跌调节需求达到的短期均衡。现货市场中,农产品让渡与其空间位移同时开始,随着农产品所有权转移,风险也随之转移,因此,在只有现货市场情况下,价格风险一旦产生很难转移和回避。这种价格波动风险,给农产品生产者、需求者和经营者造成很大的不稳定性,使得生产者不能在一个能保证其合理收益的价格条件下进行简单再生产和扩大再生产,使得经营者不能在一个能补偿其经营费用并获得正常经营利润的价格条件下经营。总之,价格波动风险的存在,使得凡参加商品买卖的交易者都有可能成为价格风险的承担者,使得生产者和经营者都不能以一个合理的价格来预先确定从事生产和经营应当获得的正常利润。为此,客观上产生了回避现货市场价格波动风险的强烈需要。

现货市场中的一些风险(如自然灾害等)可以通过某些途径得以回避,比如保险,但价格风险保险公司一般不予受理,因此价格风险转移在商品经济中更显得非常必要。生产周期短的商品,根据现货市场价格或者通过一体化等可以规避价格波动风险,而生产周期长的商品,由现货市场供求机制自发调节容易导致蛛网波动。因此,对生产周期较长的农产品来说,现货价格风险需要一个有效转移回避机制和事先调节机制,而期货市场的出现为农产品生产者、需求者和经营者回避价格风险提供了机会和场所,这是因为期货市场具有回避价格风险的功能。

二、发现价格功能

在市场经济条件下,经营者会根据价格信息去做出正确的经营决策。在期货交易产生之前,经营者主要是根据现货市场上的商品价格做出决策。由于现货市场的分散性,现货市场的商品价格又大部分是由买卖双方私下达成的,因此,经营者从现货市场中得到的信息是零散的,也缺乏较高的准确性。同时,买卖双方依据现货市场价格对未来供求关系的预测能力较差。现货市场商品价格不充分,直接会影响到经营决策的正确性及其经济效益的最终实现。

期货交易的产生,使得市场价格的发现成为现实。期货市场是有组织的统一市场,期货交易所专门进行期货交易,具有完整的交易规则,形成了期货市场中所具有的、与现货市场不同的价格发现机制,使得期货价格比现货价格更能准确地反映真实的供求关系及其变动趋势。期货价格是通过期货市场上进行的期货交易而形成的期货合约价格。期货交易所是有组织的统一正规的市场,买者和卖者众多,他们通过场内经纪人把对某种商品的供求关系及其变动趋势的判断传送到交易场所中。期货合约在买卖过程中必须在期货交易所内以公开喊价的方式进行,因此所有的期货合约的买卖都是通过竞争的方式达成的。期货交易就是把各种影响商品供求的因素集中到期货市场上,通过公开竞争的方式将这些影响因素转化为一个较为统一的期货价格。由此形成和发现的期货价格能够比较准确地反映真实的供求情况及变化趋势。同时,期货交易所的价格报告制度的执行,也能够进一步提高期货价格的真实性,从而使得期货市场具备了价格发现功能。

　　与现货价格相比,期货价格真实度更高。同时还对未来供求关系及发展变化趋势形成预测。与只有农产品现货市场的情况相比,在存在农产品期货市场的情况下,存在着较为合理的预期价格机制。生产经营者从期货市场获得反映未来供求的明确的价格信息,利用期货平均价格形成合理预期,调节生产经营活动。因为期货合约是一种远期交割实货商品的合约,含有远期因素。期货价格连续不断地反映供求关系及变化趋势,因此,期货价格还具有一定的连续性。这主要是由于期货交易是对期货合约的交易,实物交割的比例很小,期货合约在期货市场上频繁被买入或卖出所导致。此外,期货价格又具有公开性,按照期货价格报告制度的规定,所有在期货交易场上达成的交易及其价格都必须向会员及场内经纪人报告并公之于众。

　　综上所述,农产品期货市场的发现价格功能是指期货交易所将同一期货农产品的众多买卖者集中在一起,通过公开、公正、公平、竞争的期货交易运行机制而形成的具有真实性、连续性、权威性、未来性价格的过程。发现价格功能是建立在农产品期货价格能够充分反映相关信息的前提之上,逐渐接近于未来某一特定时间的农产品现货均衡价格的过程。可以认为期货价格是对未来现货价格的走势进行预测的过程。这种期货价格的预测性是价格发现的本质核心,也是期货市场有效性的一种体现。

三、风险投资功能

　　风险投资是买空卖空利用市场上商品价格差别获取利益的投资,是商品经济的产物,是通过承担市场商品交易中的风险,以求得从商品价格变化中获利的交易行为。期货交易连续不断和价格频繁波动,为投资者提供了风险投资的机会;期货市场高度组织化、规范化,按照固定的程序和规则公开竞价交易,为投资者创造了高效平等的投资环境;期货交易只需交纳比例很低的履约保证金,交易可用少量的资金进行大宗买卖,能使有限的资金作高速周转,取得更高的利润,为投资者提供高效率的投资工具。

期货市场风险投资者获利的可能性与其对期货市场未来价格的预测准确性具有直接的关系。期货风险投资者在期货交易中同时面临获得和亏损两种可能性。与套期保值交易者不同,风险投资者对期货合约所载的实物商品不感兴趣,他们通常在期货合约到期前就将合约完成了对冲。风险投资者在期货市场的交易部位经常变动,他们的交易目的在于尽快持约或履约,从期货合约的短期差价中获取利润。

四、资源配置功能

期货市场的发展为实际经济领域的企业分散或转移风险创造了良好的条件,从而有助于改善金融产品和金融资产的市场价格形成机制,促进资本的有效配置。资本的有效配置进而导致社会稀缺资源的有效配置,从而创造出更多消费者认为最有价值的产品和服务,提高了生产力,改善了人民的生活水平。通过启用期货市场杠杆的作用,间接调配商品物资在期货市场的体外流转。

五、节省交易费用

期货合约是一种标准化合约,成交迅速,买卖双方只要认为价格合适,即可成交,节省了为合约条款反复协商的洽谈费用;期货交易由于有会员制度、保证金制度和每日无负债结算制度的保障,合约双方履约有保证,节省了资情调查费用;实物交割制度化,一般不存在违约和毁约现象,因而节省了违约、毁约引起纠纷而发生的费用。

六、培植市场秩序

期货市场倡导"公开、公正、公平"的交易规则,禁止不正当交易,建立规范化的交易秩序;期货市场创立了"交易头寸限额"规则,严禁垄断和操纵市场,维护公平竞争秩序;期货市场的价格涨跌停板规则,抑制价格波动风险,造就价格平稳运行秩序。

七、信息功能

在期货市场上有每天每月的价格信息,反映着现货和远期的商品价格预测,能集中地反映经济运行中的一些问题,不仅是生产经营者微观决策的依据,也是国家宏观调控决策的参考。

八、减缓价格波动幅度

投机者贱买贵卖,使价格以小的波动取代了大的震荡;期货市场有促进经济国际化的功能,因为期货市场的国际化推动了经济的国际化,即期货市场所形成的公正价格对于供求的调节和合理配置资源的范围已超越了国界,正在推动世界经济全球化。

期货价格的上述特征,使期货交易发达的国家,将期货价格看作权威性的价格,成为在期货交易所以外进行的交易的依据,也成为企业经营决策的依据。期货交易和期货市场是至今能够找到的最能发现权威性真实价格的交易方式和交易场所,期货市场的价格发现功能与其价格风险转移功能共同对经济起着极为重要的作用。

事实上,上述期货市场的其他功能大都是发现价格、转移风险功能的派生物。发现真实有效的价格,交易者才能对未来市场供求关系变化做出正确预测,才可以利用价差赚取风险利润;

发现真实有效的价格,才能利用其完全竞争的价格机制促进资源的有效配置;发现真实有效的价格,才能反映当时市场预期现货在某日将来的价格,这样的价格信息对社会才是有益的,才能成为宏观决策和微观决策的参考;投机者以真实有效的价格信息为基础预测未来供求变化,才能做到提前买进卖出,使价格先行上升或下降,从而减缓价格的波动幅度;发现真实有效的价格并且能获得大量市场信息,才能促使交易迅速消除区域信息障碍,交易范围迅速扩大,才能促进期货市场的国际化,进而推动世界经济全球化。另外,节省交易费用和培植市场秩序主要是通过期货市场的制度和规则保障来实现的,并不是产生于期货市场的内在运行机制和基本经济行为,因而不是期货市场的基本功能。

模块十 农产品电子商务物流配送与批发市场

第一节 发展农产品物流的模式及措施

一、农产品物流的模式

(一) 以农产品加工企业为核心的整合运作

在农产品供应链系统中,生产者是最薄弱一环,由于农户分散经营,组织化程度低,在供应链中处于不对称的弱势地位,因而可以通过建立以加工企业为中心的一体化农产品供应链系统。

在该模式下,农产品加工企业具有较强的市场力量,以农产品加工企业为中心能够保证生产活动的稳定性,在资金技术和生产资料等方面由企业为农户提供支持。另一方面企业在加工原料的供应上获得了保证。通过农户的组织,可以通过规模经济提高生产效率,降低生产成本。农产品供应链整合的过程是通过农产品加工企业内部整合和信息化水平的提高,带动上下游环节进行相应的协调与整合,最终形成统一的农产品供应链管理平台。农产品供应链管理平台包括电子信息系统、网络等硬件,也包括企业间的利益联结机制与统一的战略目标管理机制及供应链绩效评估机制。

在该模式下,农产品加工企业的素质成为农产品供应链成功的关键。在农产品供应链整合中,供应链管理的主要任务交给了农产品加工企业,有可能使农产品加工企业的管理成本提高,风险增加。如果不能有效地进行科学管理,很容易造成有规模却不经济。由此可见,信息技术和管理思想的引入是供应链整合的关键因素之一,农产品加工企业必须根据供应链管理理论,进行业务流程重组,通过信息化建设逐提高管理效率,降低管理成本。

(二)以农产品物流中心(批发市场)为主导运作

这种以物流中心(批发市场)主导的一体化农产品供应链系统,一般是以商业流通企业为主的一体化物流系统。物流中心可由原来的批发市场发展而来,通过对批发市场的改造,采用先进的电子信息技术辅助农产品交易,配备完善的物流体系和信息技术平台,使得物流中心成为联结生产、加工、零售的核心环节。另一种比较现实的解决方案就是连锁企业,如大型超市的配送中心向上游延伸和发展,形成生鲜农产品加工配送中心。目前已经有相当一部分有实力的连锁企业开始组建自己的生鲜配送中心。两种类型的物流中心是分别从供应链上游(批发市场)向下整合和从供应链下游(连锁超市)向上整合形成的,前者位于供应链上游往往应用于农产品大宗商品跨地区调配,实现农产品作为供应链生产原料的配置;后者的目的是面向连锁超市,实现生鲜农产品的快速调配,满足最终消费者的需求。

(三)农产品期货套期保值模式

利用期货交易,可以为农民提供套期保值、规避风险的工具,为农业种植结构调整提供价格信息,减少农业受自然因素而遭受的损失,增强农业的抗风险能力和市场化水平,有利于保护农民利益。可以将期货市场看作交易信息的市场,通过这个市场集中的各种信息,尤其是远期价格,农民往往可以预测到最适合市场的产品品种,决定种植种类。有了期货市场,企业一方面利用农产品期货市场上的远期价格与农民签订单,另一方面通过期货市场进行套期保值、预测价格,防止价格波动而造成的风险,把订单中的风险转移到期货市场上去。利用期货市场,做好农产品规格化,与国际市场接轨,发展标准化农业,并通过期货市场的机制,引导农产品加工业的发展,拓展农业产业价值链,可以有效提升我国农产品的国际竞争力。

(四)农产品第三方物流为核心的外包运作

第三方物流配送主要是农户、农产品基地、供销社把自己需要完成的配送业务依托专业的第三方物流公司来完成的物流运作模式。第三方物流使用第三方物流配送,农产品的配送渠道和环节较少,相对于其他的配送模式,第三方配送在配送损耗、食品质量、管理成本等方面都有很大的优势,能灵活运用新技术,实现以信息交换库存、降低成本。专业的物流配送中心能不断地更新信息技术和设施,能以快速、更具成本优势的方式满足这些需求;能提供灵活多样的顾客服务,为顾客创造更多的价值。第三方物流配送中心利用专业的库存管理、科学的配送优化、流通加工,为顾客带来更多的附加价值,使顾客满意度提高。

以第三方物流为核心来建立农产品物流的供应链也存在一些问题。如农户与市场的脱节,如果信息在第三方物流企业与农户的传递过程中失真,就使得农户的生产调整不能适应市场需求,有时可能会出现连带经营风险,如果第三方也是基于合同的比较长期的合作关系,自身经营不善,则可能会影响使用方的经营,要解除合同关系又会产生很高的成本。

二、发展农产品物流的措施

(一)加快农产品物流标准化进程

在包装、运输和装卸等环节,推行和国际接轨的关于物流设施、物流工具的标准,如托盘、货架、装卸机具、条形码等,不断改进物流技术,以实现物流活动的合理化。重点应联合有关部门制定全国统一的相关农产品质量标准,包括理化指标、感官指标、安全食用指标、鲜度指标等,并对产地进行大气环境测试、土壤成分测试、水资源测试,控制农药使用,加速农产品流通。

(二)发展战略合作伙伴关系

良好的伙伴关系有助于改善成员之间的交流,有利于实现共同的期望和目标,减少外在因素的影响和相应造成的风险,增强冲突解决能力,实现规模效益在合作伙伴中的选择。要根据市场竞争环境和资源约束,从合同履约、信用、合作愿望、生产、服务、营销能力、参与动机等方面综合评价合作伙伴,确保伙伴利益的一致性,并能适应合作的管理协调机制,逐步从普通合作伙伴关系发展到战略合作伙伴关系。

(三)围绕核心企业组织供应链资源

资源是组织拥有和控制的实物资产、人力资本、知识资本的集合。在进行农产品物流运作时,应根据市场动态对整个供应链资源实施战略管理,使整个供应链成为一体,保证资源的最优配置。具体来说,就是要根据供应链的产品流、信息流、资金流、服务流组织内部资源和外部资源。内部资源包括生产物流资源(如土地、仓库等)、信息技术资源(如土地信息系统、通信网络)、市场资源(如产品品牌、信誉、产品质量认证),外部资源包括供应商资源、客户资源和技术服务企业等。

(四)建立信息共享激励机制

共享信息涉及订单与交货、市场需求预测、库存水平、生产计划等内容。实现信息共享,可以提高需求信息的准确度,加快对市场需求的响应速度,减少交易活动的处理周期和成本,促进供应链伙伴之间的紧密合作,改善伙伴间的信任度,提高供应链效率。在农产品供应链中,由于信息共享会造成供应链成员之间重新分配信息资源,改变彼此谈判的优势地位,重新分配供应链利润,使得信息共享存在一定的障碍和困难,因此需要建立一种信息共享激励机制,对信息供给者给予适当的奖励和补偿。这种机制可以通过两种途径实现:一是节约支出、减少成本的合理让渡。由于信息共享后,可以减少不确定因素,降低农产品生产、库存、运输等环节的成本,农户可以通过定价折扣向下游环节让渡一部分节约成本后形成的利润,构成下游环节的利润补偿;二是增收、增加销售后利润的合理分配。下游环节准确预测需求,通过信息共享,使农户在生产环节及时响应需求,下游环节扩大销售后对生产环节做出利润的合理让渡。

(五)准确定位顾客服务水平

在农产品物流运作时,应以顾客需求为基础,根据不同客户群体的需求进行市场细分,开展产品差异化,确定合理的顾客服务水平,并通过供应链实现对顾客要求的快速响应,使供应链结构适应市场变化,同时按照市场的要求完善农产品物流网络的顾客化改造,以实现既定的服务水平并确保赢利。

第二节　建立农产品流通体系

一、建设目标

应建立与社会主义市场经济相适应的农产品流通体制,充分发挥市场机制在资源配置中的积极作用,积极培育市场主体,改进农产品交易方式,完善政府调控体系,全面有序地推进国内市场与国际市场的接轨,迅速提高农产品流通的集约化、现代化和国际化水平,使农产品商流、物流、信息流和资金流适应现代农业发展的要求,使农产品流通能够更好地促进农业产业化和农业现代化的发展。

二、发展方向

(一)网络化

互联网为农产品流通提供信息平台,电子商务突破了空间和时间限制,扩展了流通范围,提高了商流效率,提高了物流合理性。

(二)超市化

在发达国家,相当部分农产品是通过连锁超市和食品商店销售的。随着我国人民消费水平的提高,超市生鲜经营成为农产品销售的主渠道,也是必然趋势。

(三)产业化

农产品流通企业通过产业化,可以降低交易成本、减少产品损耗、缩短流通时间、提高农产品质量、获取更多利润。产业化将成为农产品流通企业发展的方向。

(四)标准化

农产品流通标准化使农产品商流与物流得以分开,适应了农产品销售的变化,将促进农产品流通的发展。

(五)品牌化

农产品流通企业要通过产业化、标准化、规模化经营,注册商标,主动开展品牌运作,让普通商品品牌化,形成自己的独特商品,以掌握市场主动权,赢得消费者,把市场越做越大,推动企业发展。

(六)绿色化

农产品绿色流通,一方面指经营无公害农产品,引导农业开展绿色生产;另一方面指通过科学化的物流设计、管理和实施,使农产品运输、包装和分销方案合理化、最优化。这样即可达到运输包装重复利用,销售包装无害、易处理,减少空载,提高效率,降低对农产品和环境的污染等目的。

(七)规模化

规模大的农产品流通企业在经营品牌、利用信息、组织货源用于服务客户等方面具有优势,还可以通过不同方向、多种农产品的流通,提高运输力量的利用率,降低运输成本。

三、建设重点与促进措施

(一)加快农产品市场信息网络建设

农产品生产和销售的分散性客观上造成信息的不完备和分布的不对称,使农民难以获得市场信息。应加快各大批发市场电脑网络系统的联网建设,建立市场信息的收集和发布制度,并在市场内部设立电子屏幕,随时公布市场信息。为保证市场信息的客观、准确、权威,政府部门应成立专门的组织从事农产品供求、价格和主要批发市场运行状况等信息的采集、整理、分析和预测工作,并通过互联网等各种信息传播渠道,及时向农产品市场供求双方发布信息,提供咨询服务和指导。

(二)加快新型流通组织发展

要加快新型流通组织的发展,营造组织化程度不断提高的新型商品流通组织体系。①继续大力推进连锁经营组织向更大范围、更深层次的发展和延伸,逐步确立连锁经营组织在流通业中的主体地位;鼓励优势连锁企业、批发企业以及优势生产企业采取加盟、特许等方式发展连锁经营,以吸收和整合众多分散经营、传统小型的流通主体。②鼓励多元化流通主体之间,不同区域流通企业之间,流通企业与上游生产企业之间,批发、零售与外贸等不同环节流通企业之间的重组、合并与联合,突破流通领域传统的依部门、环节、地区分离的板块结构,营造新型的流通组织模式与大型流通企业。③培育多种形式的新型农产品流通组织。要注重培育和发展"公司＋农户"型、农民合作型以及专业产销协会型等多种形式、专业化的农产品流通组织,逐步实现有组织的、规模化的农产品流通模式;鼓励各种连锁企业向农村市场延伸,使农产品借助连锁经营组织的销售网络,直接快速地进入城市市场。

(三)创新农产品交易方式

①拍卖交易。拍卖能够形成公开、公平、公正的价格,既能体现社会的供求关系,节省交易成本,又能提高经营效率。②电子商务。电子商务技术的应用,将对传统的农产品生产流通过程产生深远的影响。有助于使农产品从生产到最终消费全过程中资源配置的最优化,从而使农业部门总体和综合的效率与效益得到大大提高。③配送中心。我国农产品配送中心主要是销售配送中心——以销售经营为目的,以配送为手段的配送中心。④期货交易。

第三节　农产品批发市场交易模式

一、农产品批发市场电子商务应用

随着我国经济飞速发展,城乡统筹,工业经济开始带动农业产业化发展,使农村经济进入了新的发展阶段,农产品也从单一的粮食生产开始向多样化的农产品方向发展。而农村流通现代化作为农村建设的一个组成部分,是促进我国农村现代化建设、促进城乡一体化建设和提高农民生活水平的重要途径。

农产品批发市场是农产品流通网络体系的核心。农产品批发市场是"小生产、大市场"的客观要求,发挥着集散商品、形成价格、传递信息、调节供求和提供服务的功能。纵观国内外农业发展的历程,农产品批发市场对稳定农业生产和提高农产品流通效率做出了巨大的贡献。但是,作为农业产业化发展中重要的一环,农产品批发市场的发展还不尽如意,还存在着盲目建设、重销地而轻产地、市场管理不完善、交易规模小且落后、信息网络利用效率低等问题。

应该说,发展电子商务,提高农产品批发交易的信息化利用水平,可以极大地提高农产品交易的规模与质量,减小农产品交易过程中的流通损失。

二、国内农产品批发市场交易模式

我国农产品批发市场的规模参差不齐,即使在一个市场内也会存在多种交易模式。在交易过程中,市场的参与主体包括:农民(含农业生产联合组织)、批发商(从小商贩一直到大批发交易商,等级差距比较大)、小消费者、大型采购者。

主要交易活动包括:农民与小消费者之间的交易;农民与各级批发商之间的交易;农民与大型采购者之间的交易;批发商与小消费者之间的交易;批发商与大型采购者之间的交易。不同交易主体间的竞争谈判能力不同,在交易中占优势的是批发商,而农民是比较弱的交易参与者(现实中我国的农业生产联合组织较少)。现在农产品价格主要通过讨价还价来形成。交易者之间没有站在一个平等的竞争平台上随行交易,农民在批发市场的交易中没有收益,同时也使得我国的农产品批发市场效率较低。

三、国外农产品批发市场交易模式

经济发达国家的农产品批发市场的交易模式与国内农产品批发市场具有较大的不同,其中,有两个代表性模式:一种是以美国为代表,交易模式为从农户开始到消费者的产销一体的全流通制度,体现了一种规模化效益;另一种则以日本为代表,其农产品批发市场交易模式的主要特点是引入了拍卖制度,这是一种精细的交易定价模式。

美国式的农产品直销。所谓农产品直销,就是由农民或农民团体,将生产的农产品包装处理后,直接运送至供应消费地零售业者(超级市场)或连锁零售业包装配送中心和消费大户。由于减少了不必要的中间环节,降低了运销价差,使生产者和消费者都得到利益。这种直销模式是与美国的经济发展水平相适应的。农产品生产规模增大,零售单位的规模也随之增大,尤其是零售商店形成连锁经营或超级市场连锁店网络的发展,在一定程度上解决了小生产与大流通的矛盾。与此同时,交通条件的进一步改善,通讯手段达到较高水平,保鲜技术的进步和分级的标准化,也为农产品直销的发展创造了条件。

日本式的农产品批发市场拍卖。由于日本人多地少,人地关系相对紧张,其农业生产只能建立在小规模经营的基础上,因此,日本农业生产小规模与大流通的矛盾始终难以解决。日本农产品市场向拍卖市场的方向发展,走出了一条节约交易时间和费用的高效的农产品批发市场发展之路。拍卖制度体现了公开、公正、公平的原则,有利于市场价格的形成。目前日本绝大多数农产品批发市场都是采用这一制度,而且各批发市场都有计算机和特定的通讯线路联网。经由此网络,交易者可以看到全国各拍卖市场的行情,并可以购买其他市场上的产品,形成了全国统一的大市场,进一步节约了交易时间和交易费用。

第四节　建立农产品批发市场体系

不同的农产品批发市场应用的电子商务系统不尽一致,但大体上有以下共同点。

一、设计思路与总体原则

（1）在引入会员制的基础上，对于交易的农产品必须设立完善的检验检测标准，农产品在进入交易时已经确定了相应的等级和质量，这可以使交易者不看到现货就能进行交易。

（2）当农产品批发市场采用统一的电子商务平台进行交易时，必须使得参与各方能够在平等的基础上进行竞价交易，而不是像现在的弱者恒弱、强者恒强。所以，对于我国农产品批发市场的电子商务交易必须引入会员制，全部参与者都是会员，根据在交易中的地位会员拥有不同的权限。

（3）交易规则为买卖双方竞价交易。竞价交易能形成公开、公平、公正的价格，提高经营效率，节约交易成本和体现社会供求关系。

（4）完善农产品批发交易中的电子商务交易监管和配套物流服务等。这样可以为农产品批发交易的顺利进行提供保障。

（5）交易模式包含现货交易和远期交易。远期交易便于农民根据需求和价格进行生产调整，同时也可以使批发商和需求者能够及时调整操作策略，以实现交易畅通。

二、系统组成与结构框架

农产品批发市场电子商务整个系统由 3 个功能部分组成：一是会员管理，二是交易管理，三是交易辅助服务。

参与电子商务交易的会员根据其在交易中所担当的角色而具有不同的权限，但是，对于全部会员来说，它们具有平等的市场主体资格。会员可根据其参与交易的次数、时长等划分为长期会员和临时会员。

三、主要功能与操作规程

（1）会员管理主要功能包括会员注册登记、会员档案管理、会员交易资格审核与监管。对于在市场交易中的销售方来说，需要审核产品的质量、等级、数量、产地、提供时间等；而对于购买方来说，需要审查他的信用或资金能力、购买需求。只有通过交易资格审核后，交易各方才能进入电子商务交易平台进行交易。这种方式保证了交易产品的质量等级和购买方的支付能力，规范了交易流程，可以保证交易的顺利进行。

（2）交易管理主要功能涉及交易发布和交易。在交易中，各方可以选择现货交易或期货交易，竞价方式可以采用拍卖竞价，出价高者获得产品。这样可以保证市场交易中农民一方具有较高的收益。

（3）交易辅助服务主要功能包括履约与支付、物流配送服务、交易监管等，保证交易的顺利进行。

模块十一　互联网＋农业——支农宝APP简介

　　支农宝是农技推广研究员杨超先生集25年农业科研成果与新型职业农民培育实践相结合而研发的一款互联网应用软件,该软件是建立在手机客户端上的 APP,是一个集农业信息、购销信息发布、商城、金融保险、专家在线等五位一体的综合型农业信息化服务超级云平台。用户只需通过一部智能手机下载使用支农宝软件便可解决农业生产经营过程中所需求的:政策解读、找项目、找技术、找资金、农业投保、农副产品销售、生产资料及生活百货采购等的各类问题,是各级农业职能部门、新型职业农民与企业之间沟通的有效载体,是农产品进城、工业品下乡的快速通道,是全方位解密互联网＋农业的商业模式创新,它填补了我国乃至世界农业互联网领域的软件空白,被业界誉为:

　　互联网＋农业的高速引擎!

　　新型职业农民致富的高速公路!!

　　农业数字化经营的助推器!!!

　　兴农富民,百业互联,资源整合的大平台!!!!

一、服务对象

　　新型职业农民、农民技术员、涉农厂商、农产品经纪人、城乡居民等。

二、轻松下载

　　(1)百度关键词搜索"支农宝"按提示下载注册。

（2）微信二维码扫描按提示下载、注册(图 11 – 1)。

图 11 – 1　支农宝页面及微信号

三、九大模块解读

模块一:学政策·找项目

点开 3 个子菜单:惠农政策、农业先锋、科研成果,政策文件、项目一键解读,帮助新型职业农民快速精准找到适合本地本人和市场导向的好项目。

模块二:办贷款·买保险

点开 2 个子菜单:贷款、保险,按提示标准格式填写贷款申请、报单、扫描有效证件,一键提交,快速精准解决找资金、办保险等需求。

模块三:专家在线

点开 4 个子菜单:种植业、养殖业、农贸服务业、农副产品加工业,精准快速找到行业专家一对一在线技术咨询、轻松解决多年困惑农业部门的技术棚架问题。

模块四:我要买

点开菜单列表,分区分类,求购信息,一键发布,天下共享。

模块五:我要卖

点开 2 个子菜单:产品发布、供求状态,按格式填写、自由发布产品、真正解决了因信息不对称而造成的农产品积压问题。

模块六:赶大集

点开菜单集市列表,支农宝使用者在供货菜单里发布的售卖信息一览无余,利用搜索功能,查找所需商品及卖家联系方式,轻松实现自由贸易。

模块七:逛商城

点开商城,出现 6 个子菜单:种子、肥料、农药、农副产品、农机具、生活百货,商品琳琅满目、丰富多彩,利用搜索功能,所需商品在线一键采购。

模块八:消息·通知

点开 2 个子菜单:

系统消息——支农宝系统消息及公司动态消息。

我的消息——为各区域农业部门设置的分后台自行发布的消息。

模块九:众汇通

支农宝搭载自主研发的智能通话软件,实现不换手机不换号,不限时,无漫游,长途市话随意打,为用户搭建了一个与专家、厂商几近零成本的语音交流平台。

四、分后台说明

(1)通过分后台管理,农业职能部门可将培训认证过的新型职业农民统一纳入网络平台管理,即时信息沟通,工作安排,会议通知等,代理商可随时掌控本区域消费者网上消费情况。

(2)以县为单位,分后台由县农业主管部门和代理商进行管理,通过分后台可进行信息发布、查询、汇总等。

(3)通过这个分后台可以掌握本行政区域的新型职业农民供求信息,针对性的引导其采购和销售。

(4)通过分后台可以根据本地实际情况上传农技知识,对接本地专家和新型职业农民直接对话和沟通,解决农业技术棚架问题。

(5)可根据本区域的需求选择性的对接各类农业网站,方便农民及时掌握国内外及本地区的农业信息。

(6)通过分后台可以导入农资经销商的产品广告及服务推广,精准高效。

五、消费者(农民、城乡居民、商家)下载、使用的好处(图 11－2)

图 11－2　支农宝中国

主要参考文献

洪涛,等.2014.我国农产品电子商务模式发展研究(上)[J].电子商务(16):59-60.

胡冰川.2013.生鲜农产品的电子商务发展与趋势分析[J].农村金融研究(8):15-18.

占锦川.2010.农产品电子商务[M].北京:电子工业出版社.

张波.2013.O2O:移动的商业革命[M].北京:机械工业出版社.